The Leaping Development of Ethnic Minority Areas toward the Form of Ecological Civilization

少数民族地区
迈向生态文明形态的跨越发展

李欣广 唐拥军 杨红波 谢品◎著

经济管理出版社
ECONOMY & MANAGEMENT PUBLISHING HOUSE

图书在版编目（CIP）数据

少数民族地区迈向生态文明形态的跨越发展/李欣广等著.—北京：经济管理出版社，2017.7
ISBN 978-7-5096-5119-3

Ⅰ.①少…　Ⅱ.①李…　Ⅲ.①少数民族—民族地区—生态环境建设—研究　Ⅳ.①X321.2

中国版本图书馆CIP数据核字(2017)第103829号

组稿编辑：宋　娜
责任编辑：侯春霞
责任印制：黄章平
责任校对：王淑卿

出版发行：经济管理出版社
（北京市海淀区北蜂窝8号中雅大厦A座11层　100038）
网　　址：www.E-mp.com.cn
电　　话：(010) 51915602
印　　刷：北京玺诚印务有限公司
经　　销：新华书店
开　　本：720mm×1000mm/16
印　　张：12.75
字　　数：208千字
版　　次：2017年7月第1版　　2017年7月第1次印刷
书　　号：ISBN 978-7-5096-5119-3
定　　价：88.00元

本书主要作者

李欣广　唐拥军　杨红波　谢　品

课题组

1.《中国（桂滇）少数民族地区生态文明制度与文明形态跨越发展研究》项目

负责人　李立民

成　员　李欣广　杨红波　谢　品

2.《广西少数民族地区建设生态文明与文明形态跨越发展研究》项目

负责人　唐拥军

成　员　凌绍崇　唐金湘　朱良杰　韦晓英

罗秋雪　甘智文　丰晓旭

3.《广西生态经济发展战略与民族地区文明形态跨越发展研究》项目

负责人　杨红波　谢　品

成　员　李欣广　李立民　杨　璞

前 言

对本书列入关键词的概念的解说：

1. 生态文明

该概念有两重含义：一是同一时代针对不同领域的文明含义，与此并列的是物质文明、精神文明、政治文明；二是不同时代反映不同发展阶段的文明含义，与此并列的是农业文明、工业文明。本书立足于后一种含义来研究文明形态跨越，但这一跨越也涉及前一种含义，少数民族地区需要有全面的社会主义生态文明建设。

2. 少数民族欠发达地区

就“少数民族地区”来说，我国少数民族自治区域（含多民族省，如云南、贵州、甘肃、青海四个与少数民族自治区域在经济上同等对待的省份）都算。而其中，一部分经济社会较发达地区与多数汉族地区一样，将由工业文明迈向生态文明。而另一部分经济社会欠发达地区，从农业文明直接迈向生态文明更为有利，由此开创适合该地区区情的新的发展道路。

3. 跨越发展

本书对“跨越发展”排除“后发者以更快的速度、更大的步伐，赶上并超过先发者的发展水平”这样的速度观理解，而定位于这样的阶段观理解：对常规发展阶段当中的某一阶段，在发展不够充分的情况下跨越过去，迈向下一个更高的阶段。

从文明形态的视角来看，人类社会经历了原始状态、农业文明和工业文明，现在已经进入一个向新文明形态即生态文明嬗变的关节点。工业文明在为人类创造了巨大的物质财富的同时，也给人类赖以生存的环境带来了巨大的生态灾难。面对当前日益严峻的生态问题，人类开始深刻反思以往实践活动所产生的负面效果，重建人与自然的和谐关系，走与生态环境相协调的可持续发展之路。我国学者从20世纪80年代开始，就在探讨如何走可持续发展经济的道路，如何寻求经济发展与环境之间的协调关系。我国提出了建设“两型社会”（资源节约型、环境友好型）的目标与开展生态文明建设的任务，但是多年来实际情况非常不理想。目前，中国面临着工业发展道路带来的巨大生态压力，如何走好这条可持续发展的生态文明道路，需要广泛的探讨和研究。

本书的主题是探讨中国少数民族欠发达地区从农业文明迈向生态文明。这一文明形态的跨越，是著名生态经济学家刘思华近期提出的理论新命题，学术界以前没有直接的前期研究，但我们可以从以下理论中得到借鉴：

（1）关于文明形态跨越的研究，可借鉴社会经济形态跨越理论。马克思主义的社会历史发展阶段理论，包含特殊条件下部分地区跨越上述某个历史发展阶段的思想。尤其是在无产阶级革命中，有可能使处于前资本主义社会的国家跨越资本主义发展阶段，直接迈向社会主义。有关研究指出：这一跨越“卡夫丁峡谷”可以避免资本主义发展带来的各种不幸后果，“跨越”的首要条件是与资本主义文明成果充分交往，以人类的最新文明成果为起点去实现跨越式的发展。

借鉴马克思主义的社会历史发展跨越理论，本书将论证：经济社会落后的少数民族欠发达地区，尤其是山区，可以不经过工业文明的高度发展阶段，直接走上生态文明发展道路。该设想有两层含义：一是避开大规模工业化必经的“黑色苦难”（以大规模应用金属材料与化石能源为标志的工业污染），在农业文明发展的基础上直接创建生态文明的经济社会形态；二是缩短工业化的生态失衡的发展进程，在工业化初期的现有工业文明发展基础上，直接走上社会主义生态文明建设道路。

（2）新中国成立之后，我国少数民族地区经过民主改革和多年建设与发展，取得了跨越历史发展阶段的成就，按照自身条件进入社会主义经济发展轨道。发展社会主义市场经济的实践，对少数民族社会群体的进步具有重大意义。经过社会主义建设与改革开放，我国少数民族地区的经济社会发展取得了跨越历史发展阶段的成就，总结这其中的经验，提炼历史发展规律，有助于本书主题的研究。

（3）本书内容涉及不同的文明形态：农业文明、工业文明、生态文明。理论界对生态文明的研究汗牛充栋，从文明形态的角度看，生态文明就是继农业文明、工业文明之后的第三个文明形态。有关研究指出，从广义的文化来看，生态文明体现着人与自然、人与人、人与社会和谐共生、良性循环、全面发展、持续繁荣的基本宗旨。它的产生基于人类对于长期以来主导人类社会的物质文明的反思，人类必须从追求物质财富的单一性中解脱出来，追求精神生活的丰富，才可能实现人的全面发展。建设生态文明必须变革现实的社会关系，确立新的全球伦理价值观，转变生产和生活方式。工业文明既为生态文明创造了生产力的前提条件，又由它的发展导致的生态危机为人类迈向生态文明带来了理性呼唤。上述理论是本书主题的研究基础。

生态文明是中国语境下产生的原创性词汇。在西方国家，20 世纪就出现了对工业文明的批判。美国学者米都斯等在 1970 年发表《增长的极限——罗马俱乐部关于人类困境的报告》，用详尽的数字与严密的推理揭示了工业文明发展模式的不可持续性。在此之前或之后，发达国家的环境主义运动与生态主义思潮迭起。世界环境与发展委员会集其大成，在 1987 年发表长篇报告《我们共同的未来》，提出了一条人类可持续发展的道路，推进了西方各国生态主义思想在哲学、经济学、社会学等领域的发展。生态马克思主义的兴起，开辟了对资本主义制度从生态领域的批判，提出了生态社会主义的主张。然而，最先提出生态文明概念的是中国学者。[①] 更重要的是党的十七大首次把“建设生态文明”写进党代会报告，党的十八大把生态文明提升到治国理政的战略高度。而从生态文明形态的角度来研究社会历史发展的过去、现在、未来，离开了马克思主义的理论是不可能的。

（4）对中国少数民族地区文明形态跨越的论述，理论界尚未破题。但是少数民族地区当代脱贫致富、转变经济发展方式的实践，为中国少数民族地区的文明形态跨越提供了立足点。对这一实践的研究是本书主题的实际支撑。现有的研究大量介绍了少数民族地区在经济建设中维护生态环境、实现生态与经济双赢的经验，提出了在这些地方经济发展中避免工业文明弊病的有益设想。而上升到文明形态跨越的高度来总揽少数民族地区经济发展，尚待研究。现有研究中有关少数民族地区可持续经济发展、全面建设小康社会、建设“两型社会”、转变经济发展方式的论述，都为少数民族地区从农业文明向生态文明跨越的理论命题提供了实际支撑。有关少数民族地区对外开放、区域发展竞争力、城镇化道路等的论

---

① 根据对国内外有关生态文明资料的学术考证，我国著名生态学家叶谦吉 1984 年在苏联率先使用“生态文明”这个词。——见华启和《生态文明话语权三题》，《理论导刊》2015 年第 7 期。

述，也为本项研究提供了素材。

本书研究将对少数民族地区经济社会发展探寻一条新路，这条新路既能借助工业文明的发展成果，又不重蹈工业化发展造成生态危机的覆辙，既能达到高于工业文明的发展高度，给少数民族地区带来生活富裕、文化昌盛的物质文化生活，又不因工业化、城镇化发展破坏少数民族历史文化传统与自然遗产。在理论上，这一探索将丰富马克思主义的社会历史发展理论、民族学与民族发展经济学理论。在实践上，将为少数民族地区可持续经济发展、全面建设小康社会寻求战略思路。

探讨少数民族欠发达地区文明形态跨越理论，需要解决诸多的理论难题，例如，分析中国作为后发国家开展工业化的特殊性，论证工业化发展的区域不平衡原理，阐述少数民族地区经济发展的差距与相对落后的历史原因；论述工业文明导致的生态危机对不同区域的影响，预测少数民族地区工业化进程与生态环境保护的矛盾性；论证少数民族地区沿袭其他先发地区的工业化道路，深陷工业文明引致的生态危机是一个不利选择；从主体功能区划分的意义上论证少数民族地区进行社会主义生态文明建设的重要性，提出经济发展中不同地区生态—经济功能分工的原则；阐述少数民族地区转变经济发展方式、建设社会主义生态文明的战略思路。对这些难题，本书仅仅起到一个抛砖引玉的作用。

本书展开理论探讨的区域背景是西南少数民族地区与大石山区，以广西与云南作为少数民族地区的典型。作者均来自广西高校联系着广西各界人士，因此事实材料中以广西为最多。根据广西、云南处于大石山区的地理特点，分析探索少数民族地区发挥后发优势、培育动态比较优势和综合竞争优势的条件与途径，阐述局部区域从农业文明迈向生态文明的战略思路。并以文明形态跨越为导向，从产业发展、城镇化、新农村建设、区域经济合作、对外经济贸易等方面，构想广西、云南等民族地区的经济社会发展对策，其中重点阐述少数民族地区开展新型城镇化与推进城乡一体化发展的问题，进而探索处于农业文明的少数民族地区由此跨越工业文明、直接迈向生态文明的模式，重点研究跨越发展的要素及其相互机制构成的系统。

在文明形态跨越发展的目标下，少数民族欠发达地区从农业文明迈向生态文明的总体思路是：文明形态的跨越与社会经济制度的跨越都需要充分吸收世界的与全国的文明发展成果，增强对外经济社会交往；文明形态的跨越涉及政治、经济、文化、教育、生态等领域，要从多种再生产类型来综合推进少数民族地区的发展；少数民族地区从农业文明迈向生态文明，最重要的进步是人的全面发展，这不仅是地区发展的重要条件，也是文明形态跨越的内在实质；实现文明形态跨越的长远目标，当前主要的努力是转变经济发展方式，并要努力开展社会主义生态文明建设。

研究中国少数民族地区从农业文明迈向生态文明的跨越发展，就要解决其必要性、可行性与操作性三大类型的问题，三类问题的研究思路各有区别。①必要性的研究主要是认识现实。通过现实中有关工业化发展造成生态危机、社会经济发展欠发达地区尤其不应重蹈发达地区的覆辙、国家主体功能区划分的限制、欠发达地区的赶超困难巨大等，来概括文明形态跨越的必要性。②可行性的研究主要是纵观历史、借鉴经验。从马克思主义关于社会经济制度跨越的理论中，以及从中国少数民族地区已经完成的社会经济发展阶段跨越的（从前资本主义社会跨越到社会主义社会）实际中，找出社会历史跨越式发展的因素、条件。对照现实发展条件及其前景，论证文明形态跨越的可行性。③操作性的研究要立足当前、展望未来。凝练少数民族地区自跨入中国特色社会主义道路以来的发展经验，从社会主义生态文明建设、信息技术革命、知识经济发展的前景来探索从农业文明迈向生态文明的具体对策。

在本书中，还将广西百色市田林县作为区域范例，通过数据、文献论证，建立各个文明形态判断的指标体系，依据此体系评价确定属于农业文明阶段的区域。通过调查，将田林县作为工业化发展程度不高、保留农业文明特点较多的县域典型，根据当地的实际情况，从产业发展、城镇化、新农村建设、区域经济合作、对外经济贸易等方面，提出可以跨越工业化而实现小康水平的发展思路。

本书的内容可从四个角度来看：

（1）从题材来看，理论界有社会经济制度跨越理论，有文明形态理论，有民族经济发展理论，有地区的生态文明建设理论，本书将这四者结合起来，开拓全新的题材。

（2）从角度来看，本书在研究少数民族地区经济发展的领域时，分别从产业经济角度、区域经济角度（主体功能区划分）、生态经济角度，探讨农业文明、工业文明、生态文明三大文明形态的继承、演进、交叉、促进与制约，从而探寻由农业文明直接迈向生态文明的新道路。

（3）从理论创新来看，本书论证从农业文明迈向生态文明的新道路，力求从中凝练出可称为马克思主义跨越发展学说新发展的理论。我们期待通过本书的研究，为以下理论创新提供一些启发：关于文明形态跨越发展理论，工业化发展的区域不平衡原理，国家主体功能区划分背景下不同地区生态—经济功能分工的原则，少数民族地区发挥后发优势、培育动态比较优势和综合竞争优势的条件与途径，文明形态跨越导向之下的经济发展方式转变等。

（4）从对策来看，本书提出了少数民族欠发达地区实现从农业文明迈向生态文明所需要的产业发展、社会建设、生态文明建设、新型城镇化、对外开放与区域合作、科教兴国措施等，为当前民族地区全面建设小康社会提供了方向正确的战略思路。在深入对策阐述中，凝练到“少数民族地区建设生态文明并从农业文明跨越到生态文明”的主题上，使之在理论高度上有充实的具体对策。

目　录

第一章　生态文明与文明形态跨越的内涵

一、生态文明的内涵及主要特征

1. 生态文明的双重内涵

当发达国家已经进入后工业时代，发展中国家正在经历工业化发展与可持续发展的双重压力，人们对生态文明的关注急剧上升。作为本书的理论立足点，我们首先要分清“生态文明”的两重含义。

一种是作为文明形态的“生态文明”，这一概念是与农业文明、工业文明并列的。从历史发展阶段性来看，人类社会所经历的文明形态有渔猎经济的前文明时代、农业文明时代、工业文明时代，并出现了生态文明的端倪。当前，生态文明形态并不是历史发展的现实，从当前时代来看，它只是各国面临世界性生态危机之后产生的强烈愿景，同时也是已经开始的发展趋势。上述文明形态构成历史发展中的阶梯。从这一角度看，世界历史就是文明形态演进的历史。从未来的视角来看，它是超越工业文明与资本主义文明的一种新的文明形态，是我们未来的发展方向。生态文明从低级到高级的发展，必然与社会主义到共产主义的发展内在地联系在一起，对这一论断的论证，是发展经济学、生态经济学，也是科学社会主义的崭新课题。

另一种是作为文明类型的“生态文明”，这一概念是与物质文明、精神文明、政治文明并列的。在这个含义中，生态文明是与物质文明、政治文明和精神文明相并列的现实文明形式之一，是指当时总体文明的一个方面，着重强调人类在处理人与自然关系时所达到的文明程度。我们现在开展的社会主义建设就包括这四种类型的文明建设。资本主义社会也有这些文明建设，但与社会主义建设不同的是，资本主义的生态文明建设只是对工业文明的缺陷进行修补，不可能走向作为历史形态的生态文明。而社会主义生态文明建设，目标是走向生态文明历史形态。

由于作为文明形态的“生态文明”是一个时代的概念，是继工业文明之后人类社会发展的一个新阶段，它不仅要求实现人类与自然的和谐，而且也要求实现社会的和谐、人与人的和谐，且两者之间有着必然的内在关系，因此，人们将其称为“广义的生态文明”概念。而作为文明类型的“生态文明”只是某一个时代的社会当中的一个领域，尽管涉及社会各个方面，但本身的内容是人与自然之间的关系，因此，人们将其称为“狭义的生态文明”概念。本书的论题，是作为文明形态的“生态文明”，有时也会提及作为文明类型的“生态文明”。从党的十七大、十八大以来，党中央和中央政府高度重视生态文明建设，一再公布相关文件加以引领，在历来提倡物质文明、精神文明、政治文明建设之外，将生态文明建设提高到社会主义事业与经济社会发展的重要地位上。

要认清的是，两种含义的生态文明的关键区别不是在“广义”或“狭义”，而是在“时代”与“领域”。生态文明形态是未来的新时代，这个时代不仅体现在生产方式上，而且在生活方式、社会结构、文化价值观上都体现出一种人与自然、人与人之间关系的崭新视角。它不仅是以人与自然协调发展作为行为准则，建立健康有序的生态机制，实现经济、社会、自然环境的可持续发展，而且包括人与人的和谐关系。从人的行为方式看，生态文明是社会文明的生态化表现，是指人们在改造客观物质世界的同时，不断克服改造中的负面效应，建立有序的生态运行机制和良好的社会环境，建立高度的物质文明、精神文明和制度文明。生态文明类型着眼于人类用更为文明而非野蛮的方式来对待大自然，在人类利用、改造自然中，不断深化对其行为和后果的负面效应的认识，不断调整优化人与自然之间的关系。由于人类已经在很大程度上破坏了与自然的和谐关系，因此，要以专门的努力来重铸这一和谐关系，开展生态文明建设。这类建设直接发生在产业结构、消费方式、制度政策法律、文化观念上。生态文明类型含义上的建设领域立足于经济建设，而且涉及生活、政治法律、文化观念。

本书在强调“生态文明”两种含义的区别的同时，提出三点注意事项：

（1）作为文明形态的“生态文明”不是历史自发演变的结果，是人们长期秉承可持续发展理念，改进发展方式的结果。未来的理想要靠现实的努力。生态文明形态包含着人类历史发展过程中形成的人与自然、人与社会环境、人与人之间的和谐统一以及可持续发展的文化成果的总和。这些成果要靠今天踏踏实实的努力汇集起来。

(2) 作为文明形态的"生态文明"是未来的理想，是目前人类所预期的最高级别的文明形态，文明形态的演进是一个渐进的螺旋上升的历史过程。它本身有一个发展过程，有不同的发展阶段，包括初级阶段、中级阶段等。我们从现在开始就要致力于建设一个初级阶段的生态文明，在全面建设小康社会、建设"两型"社会（资源节约型、环境友好型）、建设和谐社会中展现出来。

(3) 作为文明形态的"生态文明"包括社会经济生活的各个方面。建立健康有序的生态机制和良好的生态环境，包括在生产方式、生活方式、社会结构、文化价值等方面所取得的物质、精神、制度方面成果的总和，这是社会形态建构意义上的文明。而作为文明类型的生态文明，尽管着眼于人与自然的关系，并与物质文明、精神文明、政治文明相并列，但它不可能脱离人与人之间的关系。

在认识到生态文明形态与生态文明类型的区别之后，我们要回过头来关注两者的共同点。不管是文明形态还是文明类型，生态文明的核心都表明人类在改造客观世界的实践中，不断追寻人类处理自身活动与自然界关系和人与人之间关系的进步程度。为此，生态文明概念的共同点体现在以下四个方面：

一是生产方式。强调经济社会与环境的协调发展而不是单纯的经济增长，传统 GDP 不再是衡量社会进步的标志。逐步全面推广清洁生产、循环经济、环保产业、绿化建设以及一切具有生态文明意义的技术和管理活动。

二是生活方式。倡导生活的质量而不是简单需求的满足，反对过度消费，不再以追求物质欲望作为生活导向。

三是社会结构。努力实现更为高度的民主，强调社会正义并保障多样性，保障人民群众广泛参与各种类型的文明建设，包括人们的生态意识和行为能力的培育，以此代表人类社会发展的一种崭新追求。

四是社会价值。其归宿点是人与自然关系的平衡，不再以人为世界的中心，自然被赋予了道德地位。

2. 生态文明的特征

作为文明形态，生态文明同以往的农业文明、工业文明具有相同点，它们都主张在改造自然的过程中发展物质生产力，不断提高人的物质生活水平。但是，它们之间也有着明显的不同点，生态文明遵循的是可持续发展原则，它要求人们树立经济、社会与生态环境协调的发展观。它以尊重和维护生态环境价值和秩序为主旨，以可持续发展为依据，以人类的可持续发展为着眼点。强调在开发利用自然的过程中，人类必须树立人与自然、人与人的平等观，从维护社会、经济、自然系统的整体利益出发，在发展经济的同时，重视资源和生态环境支撑能力的有限性，实现人类与自然的协调发展。它用整体、协调的原则和机制来重新调节社会的生产关系、生活方式、生态观念与生态秩序，运行的是一条从对立型、征服型、污染型、破坏型向和睦型、协调型、恢复型、建设型演变的生态轨迹。从维系人与自然的共生能力出发，从人与自然、人与社会以及代际之间的公平性、共生性原则出发，从文明的延续、转型和价值重铸的角度来认识，生态文明必将超越和替代工业文明。

二、文明形态的跨越

1. 文明形态的发展存在两条道路

本书提出的文明形态跨越发展，是指某个国家、某个民族、某个地区，在其发展中并不严格遵循上述历史发展一般规律中体现的文明形态替代顺序，而是越过其中某一文明形态阶段，向更高的文明形态发展。对于现在的中国来说，可以设想目前许多仍然处于农业文明中的少数民族地区，无须完全地经历工业文明发展阶段，而是比较直接地朝着生态文明的形态发展。

在由中国生态经济学会生态经济教育委员会主办、华中农业大学经济管理学院承办的“中国生态经济建设·2014 狮子山论坛”中，著名生态经济学家刘思华教授提出了“确立跨越工业文明‘卡夫丁峡谷’理论，推进经济社会落后民族地（山）区文明形态跨越发展”这一倡议。他说：“生活在广袤农村的少数民族，其中有 80% 以上生活在山区，这些民族地区仍然生活在以农业文明为主导的现代性农业社会。因此，经济社会落后少数民族地区与山区的农村文明发展处于从农业文明向工业文明转型的特殊阶段，这是一个客观现实。对此，自党的十七大以来，笔者在恩施、南宁、丽水、百色等地的生态考察和讲学活动中，针对中国特色社会主义文明发展出现的新问题、新情况，提出和论证了经济社会落后

民族地区和山区不经过工业文明的黑色发展与长期痛苦，直接走上生态文明绿色发展道路的设想，即在一定条件下有可能跨越工业文明‘卡夫丁峡谷’的设想。”①

按照文明的发展程度，一般可以将文明形态由低到高依次划分为前文明时代、农业文明、工业文明和生态文明四个阶段。当代世界总体上处于工业文明的社会形态中，但还有许多欠发达地区仍然处于农业文明中。一些发达国家进入了“后工业社会”，生态文明形态的某些特征开始显现。但对于整个世界来说，生态文明都还只是理想的目标与愿景，发展中国家基本是以实现工业化、进入工业社会作为现实目标。但是，这完全不意味着生态文明是“未来学”探讨的议题。由于工业文明造成的全球性生态危机日益加剧，尽管大多数国家都还没有实现工业化，但仍然需要立即采取生态文明建设的实际步骤，也就是着手改进人与自然之间在经济发展中越来越不和谐的关系。自20世纪60年代联合国环境与发展大会提出可持续发展观以来，生态文明就成为全人类的重大议题，是各种发展程度极不相同的国家和地区共同的追求。

从理论逻辑上说，文明形态的发展可以分为依次发展和跨越发展两条道路。所谓文明形态的依次发展道路，是指依次从前文明时代演进至农业文明，再到工业文明，最后演进至生态文明，建设完成低级的文明形态后再建设高一级的文明形态，实现文明形态逐级演进的道路。所谓文明形态的跨越发展道路，是指在一定的历史条件下，文明形态并没有走逐级演进的道路，而是直接从较低级别跨越发展至较高级别的道路。

由于世界展现的文明形态分布是成熟的工业文明（存在于发达国家）与努力由农业文明向工业文明过渡（存在于多数发展中国家）两者并存，因此，当代的文明形态跨越发展只有一种可能，就是在一定的条件下，从农业文明形态跨越工业文明形态，直接进行生态文明建设。应当说，现实生活中大多数国家与地区没有这个社会实践，一般都是循着文明形态依次发展的道路，立足于农业文明，努力建设工业文明，有针对性地根据生态危机的紧逼状况逐步进行狭义的生态文明建设，以缓解工业文明带来的生态危机。

---

① 刘思华：《加强生态文明制度理论研究，促进中华文明形态跨越发展——中国生态经济建设·2014狮子山论坛开幕词》。

2. 文明形态跨越发展的内涵

从农业文明形态跨越工业文明形态直接迈向生态文明形态，最直接地说，就是当社会经济的发展起点只有农业文明的特征，还没有充分的工业文明特征的状态下，就要具备生态文明的特征。简单地说，三个依次排列的文明形态各有其特征，少数民族欠发达地区只有第一个文明形态的特征，跨越发展将使第二个文明形态的特征不充分具备，而努力具备第三个文明形态的特征。

下面将三个文明形态的特征概括为七个方面，如表 1－1 所示：

表 1－1　三个文明形态的特征

	农业文明	工业文明	生态文明
收入水平	低收入	较高收入	较高或高收入
产业结构	农业比重最大，工业与服务业比重很小	农业比重很小，工业比重大，后期服务业比重增大	服务业比重最大，工业与农业比重小，但农业比重大于工业文明时期的比重
产业形态	存在着落后技术基础上的循环经济、低碳经济、绿色经济形态	在中等技术基础上，经济形态呈不循环、高碳、非绿色经济形态；随着技术进步，逐步呈循环、低碳、绿色形态	在先进技术基础上，具有循环经济、低碳经济、绿色经济形态
生产方式	小农经济、自给自足（计划经济时期是自然经济色彩浓厚的集体生产）	高度社会分工，产业化、社会化的商品生产	高度社会分工，更协调的产业化、社会化的商品生产
生态环境	生态总体平衡，环境总体良好，局部恶化	生态总体不平衡，环境不良好，社会努力改善，局部恶化与局部良好并存	生态平衡，环境良好
社会主体	综合素质低	综合素质较高，但有片面性	综合素质高
科技水平	较低	较高	更高

上述各文明形态的描述是非常简单、粗线条的，实际情况则是错综复杂的。

综合上述各文明形态的特征，我们用反排序将少数民族欠发达地区的跨越发展道路规划如下：在科技水平上跨越发展，在劳动者综合素质上努力提高，保持生态环境平衡，有效治理已恶化的自然环境，高度发展循环经济、低碳经济、绿色经济，达到很高的生产社会化水平，在此基础上有选择地发展工业、大力提升农业、全面发展服务业，使其达到系统的现代化水平，尤其是让高效率、高附加值的农业占有相当比重，实现居民的高收入或高幸福指数。

通常的理论认为，一个国家和地区只有经过大力发展工业化，全面建立一个现代化的工业，才能促进现代化的服务业、带动现代化的农业，才能创造足够的动力、机会、机制来提高科技水平、生产社会化水平，才能创造未来文明形态的物质条件与文化条件，才能实现收入水平多倍增加。这个理论是成立的，一国的多数地方就是要这样发展。但我们认为它是一个常规之道，面对复杂的社会经济，应当有非常规之道，这就是某些欠发达地区要走的超常规之道。选择超常规之道，一定是常规之道难以走通，超常规之道又具有可行性。对此，我们后面将展开论证。

3. 文明形态跨越发展视野下的生态文明建设

所谓“跨越式发展”，是指一定历史条件下后发地区对先发地区走过的某个发展阶段的超常规的赶超行为。通过技术的跨越、产业的升级、结构的优化、经济运行质量的提升，依靠科技、管理和体制的创新，以达到社会整体发展水平和文明形态的跨越发展。[①] 后发地区之所以能够跨越式发展，主要得益于所具有的比较优势和后发优势。改革开放以来，我国少数民族地区在现代化建设进程中取得了很大的发展成就，但由于地理位置、自然环境、文化教育、基础设施等方面的限制，少数民族地区相对于我国东部、中部较发达地区，现代化程度和文明形态还比较低，人均收入水平相对滞后，但生态环境由于没有受到现代工业化生产的破坏而保护较好，具有比较优势。

在这种状态下，就产生了少数民族地区是否都要紧随发达地区的规模与方式来发展现代工业化生产的问题。本书通过分析，做出了否定的回答。

自工业革命以来，人类在资本主义生产关系下创造现代文明的过程中，粗暴

---

① 曾雪玫：《生态文明视域下民族地区的跨越式发展》，《西华师范大学学报》（哲学社会科学版）2011 年第 4 期。

野蛮地掠夺自然、破坏自然，带来了前所未有的环境危机乃至生态危机，使人类发展陷入严重的生态困境之中，甚至“生态爆炸”最终有可能导致现代文明的毁灭。

新中国成立以来，我国对自然生态环境的关注有一个从漠视到破坏再到有切肤之痛而被迫重视的过程。1958 年以大炼钢铁为主要标志的“大跃进”运动，使自然环境遭受到极大的破坏；改革开放以来，片面地理解以经济建设为中心，地方政府盲目追求 GDP，导致地方的生态也遭受了严重的破坏，水体污染、大气污染加重，固体废弃物排放量过大，垃圾包围城市，环境污染向农村蔓延等，成为我国经济建设过程中不容回避的生态危机。

随着我国经济社会的不断发展，少数民族欠发达地区经济发展原有的滞后性留下了文明形态“跨越式发展”的思考，即从落后的农业文明直接向生态文明过渡，从而避免工业文明建设中带来的环境破坏，直接跨越到生态文明建设，实现人、社会、经济与自然的协同发展。广西少数民族地区具有跨越式发展的潜力。温家宝同志当年为广西题词“山清、水秀、地干净”，即是对广西的生态文明发展寄予热情期望的凝聚。

党的十七大、十八大确立了社会主义生态文明观，使我们党的发展理论和文明理论由原来局限于“社会的世界”扩展到“自然的世界”。[①] 在生态文明形态到来之前，我们迫切需要进行生态文明类型的建设。对此，杨文进认为，生态文明就是“社会在正确认识人与自然关系的基础上，通过一定的制度安排使生态环境满足人类对生态产品需要的持续能力”。[②]

生态文明建设的目标应当着眼于人与自然和谐。从这个角度看，人、社会与自然和谐协调发展是生态文明建设的核心理念。借鉴党的十八大报告的提法，将生态文明建设定义为：生态文明建设是人类为保护和建设美好生态环境而有选择地争取更多更好的物质成果、精神成果和制度成果的总和，是贯穿于经济建设、政治建设、文化建设、社会建设全过程和各方面的系统工程，反映了一个社会的文明进步状态，体现了自然、人、社会构成一个有机整体。

我国正处于发展市场经济与工业化的时期，这两项发展与生态文明建设存在

---

① 刘思华：《生态文明与绿色低碳经济发展总论》，中国财政经济出版社 2011 年版。

② 杨文进：《和谐生态经济发展》，中国财政经济出版社 2011 年版。

着矛盾。工业化发展必定消耗大量资源，给环境带来沉重的负荷，引发人与自然的冲突；市场经济的发展必然伴随着物质追求、市场扩张、竞争加剧、利润追逐、消费扩大，造成社会生活中的重物轻人、片面追求微观竞争效率、假冒伪劣层出不穷、劳动财富资源浪费、人际关系紧张、人的身心疲惫、社会矛盾突出、环境恶化、生活质量降低、幸福指数下降等反生态负面现象。[①] 在少数民族欠发达地区通过加强生态文明建设，实现跨越式发展，也是解决上述全局性难题的一个区域发展战略。

三、马克思主义社会形态跨越发展的理论借鉴

文明形态跨越发展是一个理论假说，也是一个探索，我们需要有理论借鉴。

1. 马克思主义关于社会形态跨越发展的理论

从理论源头来看，文明形态跨越发展的观点是由马克思主义理论有关社会经济制度跨越发展的设想引申而来的。马克思主义的社会历史发展阶段理论，不仅从一般规律的角度提出了人类社会依次经历原始社会、奴隶社会、封建社会、资本主义社会到社会主义、共产主义社会的发展阶段理论，也包含特殊条件下部分地区跨越上述某个历史发展阶段的思想。某些处于前资本主义社会的国家，在相应的条件下，有可能通过无产阶级革命，跨越资本主义发展阶段，直接走向社会主义。

马克思晚年对东方社会的发展道路给予了密切关注，在《给维·伊·查苏利奇的复信》及其草稿中，他分析了俄国农村公社的历史命运和发展前途。通过对当时新形势下俄国公社前途的思考而提出跨越理论。马克思认为，与其他农村公社相比，当时俄国公社的历史环境是独一无二的：首先，俄国是欧洲在全国范围内把农业公社保存到当时的唯一国家；其次，俄国公社不是脱离世界孤立存在的，它与资本主义身处同一时代并与资本主义开启的世界市场普遍相连，可以占有资本主义制度所创造的一切积极的成果；最后，资本主义制度在发展中已经显露出多重危机，无产阶级正欲打破它，这为俄国农村公社的发展指明了方向。基

① 李欣广：《使命初探：21 世纪社会主义生态文明建设》，线装书局 2013 年版。

于以上分析，马克思提出俄国“能够不通过资本主义制度的卡夫丁峡谷”，俄国公社具有的有利条件使它能够成为共产主义发展的起点。

20世纪，在俄国与东欧这些没有充分发展起来的资本主义国家，在东亚的中国、朝鲜、越南、老挝以及拉美的古巴等原先资本主义未得到发展的国家，以其建立社会主义制度的实践，使马克思主义关于社会经济制度跨越发展的“可能性”得到验证。

马克思主义的社会经济形态跨越理论，不仅是对五种社会经济形态理论本身的丰富和深化，也为文明形态跨越理论提供了重大启发：

（1）跨越理论表明，并非要求一切国家和民族都只能按此单线演进，特别是各个国家与民族的发展与世界交织在一起的时候，就会呈现出演进的非循序特点。五种社会经济形态理论是马克思对整个人类历史抽象的结果，原始社会、奴隶社会、封建社会、资本主义社会、共产主义社会是人类社会循序演进的五种社会经济形态，但并非每个国家、每个民族都一定会按照统一不变的五种形态来发展。在一定历史条件下，一些国家或民族在历史发展中可以由于多种因素的作用而超越特定社会形态，直接进入较高阶段的社会形态。

（2）跨越理论是有条件的，跨越总是与当时的现实条件相联系。其条件既包括物质基础，如马克思分析俄国公社时的世界市场的形成、资本主义发展的文明成果、与资本主义发展的共时态；也包括历史形势，如马克思分析俄国公社同时代的资本主义制度的危机、俄国公社面临的1861年改革带来的多重破坏性影响。

（3）跨越理论有多重意蕴。这包括：地域意蕴，跨越理论不仅是马克思为俄国社会提出的一条特殊自救道路，也是人类社会形态演进的一般理论；范围意蕴，跨越既包括整体跨越，即整个国家或民族同时实现社会形态的跨越，也包括局部跨越，即一个国家或民族的局部先于整体或后于整体实现社会形态的跨越；模式意蕴，跨越理论的方法论对于探究人类社会各种发展道路都具有借鉴和启迪，可以在人类社会、自然界各种发展演进的历史及其道路中应用。

2. 社会形态跨越发展理论对文明形态跨越设想的启发

要从马克思主义的社会经济形态跨越理论中得到文明形态跨越的借鉴，我们需要通过前者回答以下问题：跨越主体与内涵是什么？为什么要跨越？跨越可能吗？跨越可行吗？

社会经济形态跨越理论将跨越主体定位在资本主义发展程度十分落后的国家，并且保留着前资本主义的社会经济构件，如马克思提到的当时俄国的农业公社。因此，如果遵循普遍性的发展道路，俄国将先有资本主义的充分发展，在此过程中很可能对原有的前资本主义构件加以破坏，再向社会主义过渡。跨越就会让这一过程尽可能消失或缩短。反过来说，资本主义发展程度较高，就不存在这样的跨越发展。文明形态的跨越，也是将跨越主体定位在工业文明发展程度十分低下的地方，像中国国内一些少数民族欠发达地区，这里往往保存着浓厚的农业文明因素。

社会经济形态跨越发展的目的，就是尽可能摆脱资本主义充分发展历史中漫长而痛苦的过程。例如，马克思、恩格斯亲眼看到的雇佣劳动制度的残酷剥削、无产阶级的贫困化、经济危机对社会生产力的破坏。文明形态跨越的目的，也是要尽可能避免工业文明引发的生态危机，以及工业革命之后产生的重化工业高度发展带来的环境损害与资源耗竭。

社会经济形态跨越发展的可能性在于跨越主体的外部交往和内部交往两个方面的态势。马克思看到，资本主义生产方式先进的生产力以及大工业所创造出来的需求开拓了世界市场，使各民族国家之间的交往范围愈益扩大，地域局限被摆脱，封隔被打破，民族国家同整个世界发生着各种复杂联系，并在相互交往中实现自己的发展。这是跨越的发展的外部交往条件。同时，需要借助提高生产力水平、用社会化大生产改造传统的自然生产方式，使前资本主义的构件——俄国农业公社本身固有的封闭性、孤立性被打破，而不必加以破坏。这是跨越发展的内部交往条件。文明形态跨越发展的可能性也是这个道理。处在中国社会主义市场经济中的少数民族欠发达地区，通过对外开放、对内搞活，发展自身有特色的经济与产业，融入全球化经济，融入全国现代化、集约化的生产方式与知识经济中，已有的农业文明构件将得到改造，跨越文明形态的道路将会开拓出来。从农业文明演进到生态文明，要以工业文明的发展成果为基础，避免工业化的后果。

关于社会经济形态跨越发展的可行性，在马克思的论述中提到俄国应当抓住历史机遇，实际上，这是表明要有行动的力量。一个以马克思主义为指导思想的工人阶级政党，如果在领导社会主义革命中有正确的纲领，采取正确的路线、政策，无产阶级团结在这样的政党之下，就可能以跨越社会经济形态的方式，将社会从资本主义不发展或不充分发展的状态下过渡到社会主义初级阶段。在这一过程中，历史机遇将起到关键的作用。当年苏俄的社会主义革命成功有第一次世界大战时期世界局势带来的机遇，中国的社会主义革命成功也有第二次世界大战前后世界局势带来的机遇。上述历史机遇主要来自世界阶级力量的动态变化及国际政治关系。同样，文明形态跨越发展的可行性也需要历史机遇，中国少数民族欠发达地区的这项跨越发展，离不开中国共产党建设中国特色社会主义的伟大实践，要有改革、开放、西部大开发、科教兴国、生态文明建设、转变经济发展方式等方针政策的引导。

综上所述，从马克思主义社会经济形态跨越理论中得到的对若干重要问题的回答，对于文明形态跨越发展设想是极好的借鉴，我们应当有信心将这个理论设想推行到实践当中。

第二章　少数民族地区的跨越发展与两种选择

一、中国少数民族地区的三大跨越发展

由于以下原因，少数民族地区较早地或者说更加注重党中央提出的生态文明建设：①许多民族地区处于祖国大江大河的源头，负有保护其生态环境的重要使命。生态维护的重要性十分突出，不容进行单纯的经济发展。②少数民族地区特别是南方的少数民族地区，自然地理的多样性与生物的多样性高于其他地区，具有发展特色产业（包括旅游业）的资源依托，而这些多样性如不加强生态环境保护，很快就会失去。因此，仅从经济发展的长远效果看，也必须重视生态建设。③部分民族地区生态环境脆弱，自然灾害肆虐更甚，像南方民族地区的山洪、旱灾、石山地区的石漠化，都给当地的生产生活造成极大的损害，因此，遏制生态灾难迫在眉睫，生态建设不得不早早提到日程上来。

但是，重视生态文明建设与迈向生态文明形态是两回事。生态建设重在自然保护，发展处于配套地位；迈向生态文明则重在发展，需要塑造新的文明形态。两者有密切联系，但目标有高下之分。少数民族地区的生态建设已有大量实践经验总结与对策建议，但处于工业文明形态之前或者工业文明初期的民族地区，要迈向生态文明形态，则需要进行开创性的理论探讨。

对于中国少数民族地区来说，涉及三大跨越：

第一大跨越是跨过资本主义发展阶段，直接从前资本主义社会跨越到社会主义社会。如果说，汉族地区是从半封建经济与半殖民地资本主义跨越过来的话，许多少数民族地区是从毫无资本主义因素的社会形态中跨越过来的。新中国成立

以前，少数民族地区社会发展程度多数落后于汉族地区，它们分别处于领主封建社会、奴隶社会、原始社会的发展阶段。新中国成立后，经过民主改革和多年建设与发展，按照自身条件进入社会主义经济发展轨道。这一跨越总体上是成功的，我国少数民族地区的经济社会发展取得了跨越历史发展阶段的成就。它们的产业形态、社会组织、技术应用、思想观念都发生了巨大变化，有的跟上了汉族地区的农业文明，有的开展了工业化建设。较发达的少数民族地区进入工业文明，欠发达的地区则提升了农业文明的发展程度，促进了城乡商品生产的发展。20 世纪 70 年代末开始的改革开放进一步推进了这一跨越，发展社会主义市场经济的实践对少数民族社会群体的进步具有重大意义，弥补了少数民族地区商品货币关系发育不成熟、市场化机制缺失的缺陷。

第二大跨越是新型工业化，用信息化带动工业化。就整个中国来说，这一跨越过程更短，信息技术在各产业、各部门、各社会生活领域的应用迅速得到推广。而对于许多少数民族地区来说，本身的工业化与信息化建设是不多的，但享受了它们的成果，使其经济生活呈现出现代化的面貌。主要问题在于如何让民族地区的教育发展跟上来，让那里的人民群众掌握更多的现代科学技术。

第三大跨越是未经过成熟的工业化，直接从农业文明迈向生态文明。这一跨越正是我们需要探索的，但它只适用于部分地区，如欠发达的少数民族地区。

我国少数民族自治区域（含多民族省，如云南、贵州、甘肃、青海四个与少数民族自治区域在经济上同等对待的省份，也包括一般省市中的民族自治州、自治县和民族乡）中，存在着社会经济发展的两种选择：一部分经济社会较发达地区与多数汉族地区一样，经历完全的工业文明发展迈向生态文明；另一部分经济社会欠发达地区则从农业文明直接迈向生态文明更为有利，由此开创适合该地区区情的新的发展道路。对第二种发展道路的研究，主题就是文明形态跨越。

探讨欠发达的少数民族地区不必经过成熟的工业化，直接从农业文明迈向生态文明的跨越发展，借鉴马克思主义跨越“卡夫丁峡谷”的学说很有必要。有关研究指出，马克思提出的这一跨越，可以避免资本主义发展带来的各种不幸后果。而实现“跨越”的首要条件是与资本主义文明成果充分交往，以人类的最新文明成果为起点去实现跨越式的发展。而我们提出的这一文明形态跨越，也是考虑到避免工业文明发展带来的负面效果，实现“跨越”的首要条件是与正在发展工业文明的外部世界充分交往，充分吸收当代人类文明发展成果以推动跨越式的发展。

二、中国少数民族地区文明形态跨越的必要性与可行性

（一）文明形态跨越发展是道路新探索

对于少数民族地区发展，现有的共识是：少数民族地区应当在经济建设中维护生态环境、实现生态与经济双赢。人们可以找到许多这类双赢的经验，有的还提出了在这些地方经济发展中避免工业文明弊病的有益设想。但从文明形态跨越的高度来总揽少数民族地区经济发展，理论界尚未破题。目前，有关少数民族地区生态与经济双赢的研究是出于以下角度：

1. 走可持续经济发展道路

可持续发展概念包含既要有当代人的福利，又要为子孙后代留下可供发展的资源基础。在当代人的福利中，要有代内公平，消除贫困是题中之义。为子孙后代留下可供发展的资源基础则体现代际公平。

2. 全面建设小康社会和“两型社会”

如果只有经济富裕，没有社会和谐与资源节约、环境友好，就不算全面的小康社会。而社会领域与生态领域中的矛盾一旦严重，必将危及经济发展的成果。

3. 转变经济发展方式

如果经济发展是以人为本的，是主要依靠智力资源而减少对物质资源依赖的，发展成果是讲究实效、讲究质量的，发展过程是高效、低耗的，那么这样的经济发展方式就会有经济效益、社会效益、生态效益同时兼顾的特征。

上述角度尚未能解答少数民族地区如何对待工业化的问题，而对于许多欠发达地区，这正是一个令当地人困惑的问题。

从农业文明直接迈向生态文明，是欠发达的少数民族地区经济社会发展应当探寻的新道路。探寻这条跨越文明形态发展的新道路，目的是既能借助工业文明的发展成果，又不重蹈工业化发展造成生态危机的覆辙，既能达到高于工业文明的发展高度，给少数民族带来生活富裕、文化昌盛的物质文化生活，又不因工业化、城镇化发展破坏少数民族历史文化传统与自然遗产。这一探索将能够很好地解答欠发达地区的经济社会发展问题，并在实践上为少数民族地区可持续经济发展、全面建设小康社会寻求战略思路。

（二）选择文明形态跨越发展道路的理由

部分经济社会欠发达地区做出这种发展道路选择是有难度的，但适合当地的区情，相比常规发展道路更为有利。

1. 国内外环境不再容忍出现粗放式发展阶段

中国作为后发国家开展工业化，具有西方发达国家当年搞工业化所没有的特殊性。一方面我们受到严峻的生态制约，另一方面可以利用后发优势更快地开展工业化。在此过程中，工业化发展存在着区域不平衡的常态。少数民族地区由于经济发展的历史起点低，开展工业化必然存在着很大的发展差距，不可避免地处于较长时期的相对落后地位，也不可避免地背负着赶超的使命。发达地区进入工业化集约式发展阶段之时，许多少数民族地区还得从粗放式发展起步。工业化发展造成的生态损害主要集中在粗放式发展阶段，集约式发展可以不断减轻生态的负面影响，而现时的国内外环境已经难以容忍后发的民族地区粗放式发展造成的巨大生态损害了。这些地方的粗放式工业化无法支付在竞争日趋激烈、产能过剩越发突出条件下的环境成本，要想赶超谈何容易。

2. 沿袭先发地区的工业化道路比过去更加不利

开展工业化导致的生态损害对不同区域会造成不同的影响。发达地区资金较充裕、技术较先进，比较有能力来治理生产性污染、应用降耗减排的高新技术，而少数民族地区工业化首先要解决的是规模效应、资本积累与市场竞争力，要兼顾治污、降耗、减排往往力不从心。这样的地方，其工业化进程与生态环境保护存在着难以协调的矛盾。一般来说，许多发达地区在过去一段岁月走的是“先生产，后治理”的路子，这是一条重蹈西方发达国家覆辙的歪路。今天的社会经济条件已经不允许欠发达地区再重蹈发达地区的覆辙。因此，少数民族地区沿袭先发地区的工业化道路，深陷工业文明引致的生态危机是一个不利选择。

欠发达地区再不实施生态文明跨越建设战略，则将很快重蹈压缩型工业化老路。这种迹象在近两年已经表现得越来越明显，典型现象是广西民族欠发达地区的自然资源被外部过度消费和加速掠夺。例如，各种国内外大型矿产和资源开采

企业觊觎广西民族欠发达地区丰富的自然资源，通过各种方式强力进入，对各种资源进行大量掠夺性开采。之后，很可能出现资源枯竭型工矿区，如不进行产业转型，整个地区将陷入经济停滞、生活贫困的境地。有的资源加工产业长期依托资源初加工，为表面上的工业化成就所陶醉，看不到在生产链条中日益成为市场前景狭窄、科技含量低下的低端环节，其产业收益相比生态代价越来越得不偿失。

3. 全国主体功能区规划限制了民族欠发达地区的工业化

2010年，国务院颁布实施《全国主体功能区规划》，全国国土空间按开发方式分为优化开发、重点开发、限制开发、禁止开发等不同的主体功能区。这里所谓的“开发”是狭义的，基本等同于工业化、城镇化，所谓“禁止、限制开发”就是对工业化、城镇化的规模进行禁止或限制。国家已将主体功能区划分作为区域发展的战略措施。限制开发区所限制的内容包括两层含义：一是直接限制工业化、城镇化；二是对农业开发本着退耕还林的原则，只进行内涵发展，不做外延式的平面垦殖。两个层次的共同点都是充分考虑经济活动的区域性生态承载力。限制的目的是防止本区域出现生态失衡并殃及相关区域，同时进一步为相关区域做出生态贡献。

全国主体功能区规划的实施，使得广西民族欠发达地区的工业化难以大规模开展。广西民族欠发达地区基本都被划为限制或禁止工业化开发的地区，其生态环境脆弱，所以主体功能是为社会提供生态产品，需限制工业建设规模。这意味着，广西民族欠发达地区的经济发展只能走跨越型的道路。人们一般所理解的先实现工业化，再走生态文明发展道路的顺序，受到国家政策的限制，不符合我国整体可持续发展的实际情况。

少数民族地区多半处于自然障区，从西北极度缺水的干旱区，到西南缺少土壤的大石山区，都是生态脆弱之地，要像中东部地区那样大规模进行工业化，进而实现城镇化，根本没有可支撑的环境承载力。另外，西部民族地区处在我国大江大河的源头，这里的生态环境得到保护，就保障了全国生态环境的正常状态，功莫大焉。因此，在国家的主体功能区划分背景下，实行不同地区生态—经济功能分工的原则，具有国策意义。不同地区的经济发展必然对生态—经济有不同的贡献。这些地区如果不限制开发，仍然像其他地区那样搞工业化、城镇化，必定在经济上事倍功半，在生态上造成灾难，两者相加极不划算。将其划为非重点开发区域，降低工业化发展的追求，增强生态环境保护的功能，对全国宏观综合效益更为有利。可见，在少数民族地区不进行完全的工业化建设，是一个地理条件多样性的大国实现合理区域功能分工的选择。

放眼全国，我国西部存在着三大自然保护区，它们是青藏高原自然生态保护区、云贵高原农林自然生态保护区、三北（东北、华北、西北）农林牧自然生态保护区。这三大保护区大部分是少数民族地区。科学地对待这三大自然保护区内的环境保护与经济开发，是全国最基本的资源环境领域的战略，也是优化亚洲整个生态系统的必然要求。其中，保护我国黄河、长江、珠江这些几乎流经全境的河流水系的发源地，保护地球上最重要的动植物博物园之一，保护东部地区气候正常的主要发生地，其意义难以估量。

在全国宏观经济布局中，广西承担着珠江上游水系生态屏障建设的任务，云南承担着珠江、澜沧江上游水系以及长江上中游生态屏障建设的任务，不能进行大规模、高强度的工业化、城镇化开发，因而不得不适度绕开人们熟知的发展途径。总体上来说，处于限制开发区的少数民族地区进行工业化、城镇化，更多的是发展生产规模较小且直接联系着农业的工业，更着重的是小而强的城市与城镇，这是生态社会效益放在首位、局部经济效益放在第二位的体现。因此，少数民族地区进行的工业化、城镇化开发，要在规模较小、关联更强、内容更优上下功夫。

当然，如果人们将思维局限在“发展就是工业化”，那就会得出“少数民族地区保持落后状态有利于环境保护”的错误结论。实际上，绕过成熟的工业化、保护生态环境并非是要少数民族地区保持落后状态。少数民族地区不是不要发展，而是要走新的道路来发展，即探寻文明形态跨越，绕开传统的工业化模式，直接从农业文明跨越到生态文明。

（三）民族欠发达地区选择生态文明跨越发展道路的条件

1. 外部环境依据

从全国的背景看，中国已具有整体进入工业化后期的国力，主体区域完成了建成小康社会的目标，为少数民族欠发达地区进行生态文明跨越建设提供了可能。

我国 2012 年已经基本走完了工业化中期阶段，整体进入工业化后期阶段。在此背景下，国家完全有能力对局部的少数民族欠发达地区给予大力的扶持，使其避免走压缩型工业化道路；我国中东部发达地区可以为少数民族欠发达地区提供资金、科技和人力资源等多方面的支持，为少数民族地区不破坏自然生态环境

即开展生态文明的跨越发展提供不竭动力。

党的十八大报告明确提出到2020年实现全面建成小康社会的宏伟目标，少数民族欠发达地区与全国同步实现小康社会乃题中之义。为此，国家必将加大对少数民族地区的扶持力度，从而许多尚处于农业文明阶段的少数民族欠发达地区在未来的生态文明建设过程中，必将得到国家更大的支持。

2. 内部条件依据

少数民族欠发达地区在环境、文化、社会、政府行为等方面具有生态文明建设的优势。

少数民族欠发达地区拥有丰富的自然资源、得天独厚的地理环境，而且生态环境基本没有被大面积破坏，是我国生态环境最为丰富的地区之一，这为生态文明建设提供了有利的自然条件。少数民族地区保留着自古流传下来的许多有关生态文明的观念，而且受工业文明的影响较少，他们认为人是自然的组成部分，希望通过民族自身特有的方式与自然和谐相处。例如，他们将自然界的某些动植物作为图腾，不能随意伤害这些动植物；同时他们保留下来的一些合理利用自然资源的生产方式也体现出对自然的保护。少数民族欠发达地区的社会舆论与观念都倾向于对自然的保护与环境友好型社会的建设，经济发展不能以过度消耗生态资源为代价，因而容易达成社会共识。

3. 不利条件

少数民族欠发达地区在经济、民生、基础设施等方面存在生态文明建设的劣势，必须借助国家和发达地区的支持才能开展生态文明跨越建设。

这些地区产业发展水平低，经济发展相对落后，经济基础薄弱，这导致了当地政府财政收入低，没有足够的资金进行自然资源的保护以及生态产品的开发；居民的收入水平低，生存环境较为恶劣，民间很难有足够的资金投入到生态保护及利用领域；少数民族欠发达地区以山区居多，工程项目的施工条件复杂多变，基础设施条件相对落后，建设更为困难，难以支持生态文明建设。姜明认为，少数民族地区生态文明建设层次、水平相对较低，还没有与产业结构、增长方式、消费模式结合起来，现阶段开展大规模生态文明建设必须获得国家和发达地区的支持。[①]

---

① 姜明：《少数民族地区生态文明建设与和谐社会》，《阴山学刊》2009年第2期。

综上所述，少数民族欠发达地区的外部环境和内部条件决定了其生态文明建设的必要条件是：借助国家和发达地区的支持。如果这个必要条件能够具备，则表明这一地区选择生态文明跨越发展道路有可行性。

三、两类区域文明形态跨越的对比

事实上，我国以农业发展为主的欠发达地区开展生态文明跨越发展的案例已经越来越多，可以大体分为两类农业文明地区：一类是远离工业发达地区的少数民族农业地区，另一类是紧邻工业发达地区的农业地区。本书分别举出两类地区进行生态文明跨越发展的四个案例。

对紧邻工业发达地区的第二类农业地区，由于地域范围小，范围内的居民与外界交往密切，其事例并不引起“文明形态跨越”的论题，但其实践可以给生态文明跨越发展以启发。从对比中可以看出，这第二类地区无论在人的素质、建设财力、资金循环等方面都没有太大的困难，因而这是一个较小范围内的区域产业结构问题。而远离工业发达地区的第一类地区则涉及经济社会形态的更新。我们从第二类地区的例子中也看到，只要在人的素质、建设财力、资金循环方面通过努力取得成就，具备区域产业结构的战略性调整，进而实现文明形态跨越是可行的。

1. 远离工业文明地区的少数民族农业地区

广西巴马瑶族自治县位于广西河池市西部，人居环境和气候条件十分宜人，是世界上著名的长寿之乡，被国际自然医学会会长森下敬一先生称为“人间遗落的一块净土”[①]。巴马具有得天独厚的自然风光，有“天然氧吧”之称。但2007年前，巴马县总体上存在广西民族欠发达地区普遍的生态文明建设劣势，如经济发展落后、居民收入水平低、基础配套设施薄弱，以及生态环境比较脆弱、生态文明相关的法律制度不完善、相关教育滞后等。近年来，巴马县经过生态资源的整合，重点发展生态旅游业、生态农业、生态工业，构建生态产业体系，将现代

① 郭满女：《西部民族地区生态文明建设实践研究——以广西巴马瑶族自治县为例》，《科技广场》2013年第3期。

农业、工业与生态旅游结合在一起，促进当地旅游业从传统观光型向生态休闲型转变；政府投入大量资金完善基础设施，修建了多个旅游示范点，改变传统简单的工业产品销售，逐步进入生态产品深加工时代，如“巴马丽琅”、“巴马油茶”等品牌都已深入人心，品牌附加值不断提高；通过生态产业的发展，克服自身的短板，带动群众致富。

贵州是一个多民族的省份，现在有11个少数民族自治县。在建设生态文明过程中，贵州少数民族地区同广西巴马县存在很多共同点，如经济落后、收入低下、基础设施薄弱、生态环境脆弱等。针对这些问题，贵州没有继续进行这些区域的工业化开发，而是主要从环境保护的角度出发，投入大量资金退耕还林，减少石漠化，实现工农业整合，发展生态产业，强化产品深加工等。从2009年起，贵州民族地区每年都投入1000多万元，帮助农民把水果、茶叶、乡村旅游等产业做大做强①；关停并转重污染企业，鼓励拥有新环保技术的企业前来投资建厂。当地由传统的输血（政府单项投资）向造血（依托自身优势发展经济）转换，同时倡导生态消费，转变人们的生活方式，在很大程度上促进了生态环境的好转，增强了经济发展的可持续性。

2. 紧邻工业文明地区的农业地区

珠海市斗门北区地处珠江三角洲广西端，东临中山市，南与该市金湾区相连，西面和北面与江门市接壤，耕地面积占全市的61.29%，该区50%以上的耕地集中于斗门北区。斗门北区300余平方公里的区域是珠海市最重要的农业产业基地和水源保护区。基于这一特点，斗北门区确立了发展都市农业和生态旅游，以实现传统农业的转型战略。在区内建立了无公害农产品的四个生产基地以及产品深加工、生态产品展销和生态旅游三个专业区域。将斗门北区的优美生态风光与农业、旅游业相结合，依托原有自然资源以及历史宗教文化构建了一系列的生态文明建设体系。

上海崇明岛地处长江河口及中国沿海大通道的中间节点，为世界第一大河口冲积岛，崇明岛所具有的河口岛屿型生态环境及亚热带生物资源的多样性，是上海可持续发展的重要战略空间。2010年初，上海市明确提出改善崇明岛环境质量，发展以生态旅游为龙头的现代服务业，实施保护湿地、构建生态农业园林等

---

① 李波：《贵州民族地区生态文明建设的理论与实践探索》，《贵州大学学报》2010年第2期。

措施，增强为上海提供足够生态资源的能力；营造低碳旅游体验，实行低碳旅游消费方式，建设低碳化旅游接待设施，以低碳的旅游业为基础，避开大量工业开发，发展生态产业，构建低碳产业体系。这一战略规划实施后，取得了生态旅游的一系列成果，崇明岛被上海市列为低碳经济示范区。

上述两类农业地区建设生态文明的成功案例，说明了生态文明跨越发展道路的可行性。它们的途径都有着相同之处：一方面，政府引导，包括战略规划先行和生态文明观念教育，借助国家财政转移支付和发达地区支持，保护环境，改善基础设施条件；另一方面，市场导向，依托当地生态资源或围绕生态旅游整合工业、农业产业体系，形成生态产业体系，带动当地经济发展、财政增收、人民收入提高，进入环境和自然生态系统保护、生态文化建设、生态产业建设相互联动的生态文明建设良性循环。

四、文明形态跨越中的社会主义生态文明建设

在我们探讨文明形态跨越发展的时候，必须关注现实生活中的文明类型推进问题。党和国家近年来强调的社会主义四项文明建设，即物质文明建设、精神文明建设、政治文明建设、生态文明建设，就是属于文明类型推进。其中的生态文明建设，对于中国整体而言，是在通过新型工业化道路实现包含信息化、生态化内容的工业化进程中不可缺少的工程，可以不断减少工业化进程中引致的生态危机，增加经济发展的绿色程度，为迈向生态文明创造条件。对于少数民族欠发达地区，生态文明建设则是直接向生态文明形态跨越发展的“基本功”。但是，比起其他地区来说，民族欠发达地区的生态文明建设包含着探索发展新道路的课题。

2015 年 4 月 25 日，中共中央、国务院出台了《关于加快推进生态文明建设的意见》，9 月 21 日公布了中共中央、国务院印发的《生态文明体制改革总体方案》。这一动态说明生态文明建设已经成为我们国家的发展大计，相应地，也应该是理论界的重要议题。不管是发达地区还是欠发达地区，其共同点就是中国将通过社会主义生态文明建设，走向未来的生态文明历史形态。

（一）社会主义生态文明建设的两种情况

1. 发达地区的生态文明建设

发达地区已经开展了多年的工业化建设，分别进入了工业化中期、后期的阶段，20 世纪 90 年代后进行了新型工业化建设，一些特大城市呈现了发达国家那种“后工业化社会”的经济社会特征。发达地区的生态文明建设在产业上主要是两个任务：一是对传统产业进行生态化改造，以节能节材、新能新材、循环经济方式变更生产技术、生产流程；二是严格按照生态经济的原则发展高新技术产业，不要走那种浪费型的 IT 技术发展歪路。

广西作为省级区域不是发达地区，但我们再细分一层，在广西区内仍然有大力推进新型工业化建设的地方，如中心城市与重点开发地区。这里的生态文明建设在产业结构上面临重大任务：①广西资源富集区以有色金属工业为主的资源密集型工业，正致力于信息化、生态化的产业改造，提高原料加工深度，延长产业链条，推行循环经济的产业形态。②广西中心城市正在同时承担两项使命：一是大力发展以新兴战略产业（如信息技术产业、生物技术产业、新材料产业、新能源产业、现代制造业）为标志的高新技术产业；二是深入进行传统产业的技术改造，以高功能、优品质、新原料、名牌、绿色产品为特点，将传统机电、化工、纺织、轻工、食品等产业赋予新的生命力。两项使命的实现都要在绿色发展的导向下进行。③广西发展新能源产业，既能解决大量输入煤炭、加剧工业品成本与碳排放双增加的困境，又能凭借本地的优势推进绿色经济发展。④广西的交通基础设施建设不断增强，物流条件得到改善，将会极大地推动对内对外开放经济发展，但必须与交通产业绿色化一同推进。上述任务的完成，虽然与民族地区文明形态跨越发展不是一回事，但能够为其提供越来越强大的经济实力支撑。

2. 欠发达地区的生态文明建设

欠发达地区的经济特征是工业化发展程度很低，有的进入工业化发展初期，有的还停留在农业文明的产业发展阶段。这些地方不应当照搬发达地区的工业化道路，而应当像习近平总书记在云南考察期间提出的那样：闯出一条跨越式发展的路子来。

2015 年 1 月，习近平总书记在云南考察期间，对云南经济社会发展提出如下希望：闯出一条跨越式发展的路子来，努力成为生态文明建设排头兵。他提到的几个要点是：创新驱动、城乡发展一体化、把生态环境保护放在更加突出的地位。结合习近平总书记倡导的五大发展理念，少数民族欠发达地区的生态文明建设应有如下要点：①首先以绿色发展为基本内容，根据自己的区情发展低碳经济、循环经济，不滞后于发达地区实现资源节约型、环境友好型社会的目标。②以协调发展，尤其是城乡协调发展为主要特征。③以创新发展为基本手段，充分利用现代先进的科学技术提升农业文明。④以共享发展为社会前提，重点是实现脱贫致富，使原有的贫困地区、贫困群体都能达到小康水平。⑤加强开放发展与生态文明建设的良性互动，将外来资源输入与内部机能成长有机结合。

（二）绿色经济发展理论为生态文明建设提供指导

绿色经济的理念，应当是将经济社会发展建立在改善生态环境的基础上，以生产、生活方式的变革为中心，实质问题是要实现人与自然的和谐。1994 年出版的《当代中国的绿色道路》一书中，刘思华提出了“发展经济必须与发展生态同时并举，经济建设必须与生态建设同步进行，国民经济现代化必须与国民经济生态化协调发展”的绿色发展道路。①

绿色经济的理念包含着丰富的生态经济与可持续发展的内涵，大体上我们可以将其概括为以下几点：

（1）绿色经济是走向新的文明形态——生态文明的经济模式。在工业文明的框架内，是不能完全实现绿色经济目标的，必须从生态文明取代工业文明的历史演进的高度来认识绿色经济及其发展道路，从实现由人与自然的对立转为人与自然的和谐来看待这一经济模式。但是，尚处于工业文明历史阶段的社会经济，必须在生态文明类型的建设中着手开展这项工作，逐步争取接近绿色经济，开启绿色发展的进程。

（2）循环经济与低碳经济分别从物质利用与能源使用两个角度体现了经济的生态效益，这两类经济形态在社会经济中所占的比重应当越来越大。绿色经济就是循环经济与低碳经济比重不断增大的经济。绿色经济以建设环境友好型、资源节约型社会为目标，以高效率、低消耗、低排放、无污染作为力争的经济指

---

① 转自刘思华《迈向生态文明绿色经济发展新时代》，此文为《绿色经济与绿色发展丛书》总序，本丛书由中国环境出版社于 2015 ~ 2016 年分别出版。

标，并以生态效益作为技术选择的标准。

(3) 绿色经济以生态经济的要求来规范产业发展，持续推进产业生态化，在产品设计、工艺流程、原料选用、能源使用、资源循环等生产技术上以生态化的标准来改进，塑造出生态农业、生态工业、生态服务业。此外，通过积极发展林业、水利工程、国土建设来改善生态环境，通过努力发展环保产业与资源再生产业来消除污染和浪费，建设生态城市、生态农村、生态区域。

(4) 走绿色发展道路意味着国家在经济领域实行绿色发展战略、采用绿色政策，对国外的资本、技术、商品的输入筑起绿色门槛。在经济发展中，始终遵守世界性的生态环境公约，努力取得标杆性的绿色发展成绩，与各国在发展绿色经济上开展国际合作，共同推进全球的可持续发展事业。

以上对于绿色经济的一般界定，在少数民族欠发达地区的实践中有其自身的特点：①民族欠发达地区工业文明不成熟，工业化程度很低，在整个社会以生态文明取代工业文明的历史进程中，更多的是从农业文明直接迈向生态文明，而在此过程中，既要借助工业文明的经济技术支撑，又容易受到工业文明的负面影响，如石油农业模式。因此，民族欠发达地区要更加突出地以发展生态农业、建设生态乡镇等努力来进行社会主义生态文明建设。②民族欠发达地区在工业领域中承担的发展循环经济的任务不多，但在农业和一些服务业领域就显得任重道远。对于发展低碳经济的使命，部分项目可以走在前列，如发展沼气能源，同时可为整个社会提供再生的新能源材料，如生物质能源。③民族欠发达地区在国土建设、改善整体生态环境方面处于社会的前沿地带，多半受益于整个国家，应当得到整个社会的人力、财力、技术力量的支援。④许多民族欠发达地区位于边境上，开展跨国的区域性的国际生态环境合作就成为一项重要的工作。

五、广西少数民族自治县发展的现状与问题

广西是少数民族自治区，共有 14 个地级市、34 个市辖区、7 个县级市、56 个县、12 个自治县（共有 109 个县级行政单位），但并非都是上述第一类“远离工业文明地区的少数民族农业地区”。全区范围内多数地级市中上述两类地区都有。出于获取统计资料的便利，我们将其中的少数民族自治县抽取出来，作为这

类地区的代表，分析其进行生态文明建设的条件。

广西有12个民族自治县，包括融水苗族自治县、三江侗族自治县、龙胜各族自治县、恭城瑶族自治县、隆林各族自治县、富川瑶族自治县、都安瑶族自治县、罗城仫佬族自治县、巴马瑶族自治县、环江毛南族自治县、大化瑶族自治县、金秀瑶族自治县，还有3个享受自治县待遇的西林县、凌云县、资源县。

1. 经济发展相对滞后

这些民族自治县大多地处边陲，存在着地理、交通、人才等方面的相对劣势，资源配置效果不佳，经济发展滞后，从表2－1中可以反映出来。

表2－1 2012年广西少数民族自治县的基本经济情况

名称	总面积（平方公里）	人口（万人）	地区生产总值（亿元）	第一产业（亿元）	第二产业（亿元）	第三产业（亿元）	人均GRP（元）	职工平均工资（元）	农民人均纯收入（元）
龙胜	2450	17.79	40.5879	8.4294	20.8444	11.3141	25976	44118	4602
恭城	2139	30.05	66.4488	19.8294	31.8048	14.8146	26259	33422	6473
三江	2417	37.41	34.5069	13.3010	11.5114	9.6945	11483	32765	4826
融水	4638	39.38	58.2406	14.3845	28.6258	15.2303	14347	36107	4640
金秀	2468.79	15.41	23.3105	7.0287	6.9851	9.2967	18589	39045	4399
富川	1540	32.19	46.6923	15.6303	19.2371	11.8249	17976	41717	5380
隆林	3518	42.19	42.9634	8.4058	21.0128	13.5448	12345	30714	3923
罗城	2650.99	37.79	34.1115	13.1691	9.3281	11.6143	11333	25319	3938
环江	4552.73	37.59	32.2206	14.8925	6.5890	10.7390	11740	28967	4978
巴马	1976.42	28.27	25.5272	8.5349	8.2147	8.7776	11285	27625	3788
都安	4087.73	71.14	31.4597	11.6116	6.7685	13.0796	6018	28319	4047
大化	2749.98	46.22	35.5584	7.5102	17.2594	10.7888	9773	30989	4299
西林	2997	15.63	14.7904	6.3190	2.7868	5.6846	10546	30158	4133
凌云	2047	21.91	19.9302	5.7910	8.0060	6.1332	10615	31492	3798
资源	1941	17.52	34.9814	8.2332	16.6383	10.1098	23604	28852	5841
广西	236700	5240	13035.10	2172.37	6247.43	4615.30	27952	37614	6008

注：根据《广西统计年鉴》（2013）整理。

从表2－1可以看出，15个自治县（包括3个享受自治县待遇县，以下同）的地区生产总值为541.3298万元，只占广西国民生产总值的4.15%；第一产业为163.0706亿元，占广西第一产业总值的7.5%；第二产业为215.6122亿元，占广西第二产业总值的3.45%；第三产业为162.6488亿元，占广西第三产业总值的3.5%。而15个自治县人均GRP没有一个县达到广西人均GRP水平，最差的都安县和大化县人均GRP分别是6018元和9773元，只有广西人均GRP的21.53%和34.96%。农民人均纯收入只有恭城（6473元）超过了广西农民人均纯收入（6008元）的水平，其他各自治县都未能达到平均水平。这表明，少数民族自治县的经济发展水平还非常落后，远远低于广西平均发展水平。以巴马瑶族自治县为例，巴马经济基础薄弱，2010年人均GDP仅相当于全国水平的1/3。全县基础设施落后，长期未通高速公路（近几年可开通），近六成行政村未通水泥路，45个自然村未通电，贫困人口多，贫困面广。

2. 自然环境优良，生态环境相对较好，生态旅游资源丰富

就地理状况来说，广西各自治县大多以喀斯特地貌为主，石灰岩广布，而且山高沟深，成片的耕地少，分散的坡耕地、梯田多，旱地又大多集中在25度以上的坡地，土层浅薄。① 典型例子是都安瑶族自治县。该县位于河池市南部，是一个集“老、少、边、山、穷、库”于一体的欠发达地区，是全国18片贫困地区之一。全县面积4095平方公里，其中石山面积占89%，人均耕地不足0.7亩。该县是全国典型的喀斯特地貌岩溶地区，素有“九分石头一分土”、“石山王国”之称。自2002年以来，都安县依托退耕还林等林业工程项目，通过“造、封、管、沼、迁、圈、泄”七字治理措施，多措并举，有效地遏制了大石山区的石漠化。至2013年，全县已经在石山区种植任豆树10多万亩、竹子1.5万亩，封山育林84万亩，新建沼气池4万多座，全县大部分裸露岩石基本得到了绿化，植被覆盖率比治理前增加20%以上。2002年实施退耕还林以来，累计完成退耕还林13.8万亩，全县封山育林达270万亩，石漠化治理57万亩。退耕还林及生态项目的实施，促进了生态环境的改善和农民增收。林地总面积从1999年的216.4万亩增加到2013年的446.9万亩，森林覆盖率从1999年的35.2%增加到2013年的59.6%，林业总产值也从1999年的500多万元增加到2013年的3.6亿元。

① 覃照素：《试论少数民族自治县的可持续发展》，《钦州师范高等专科学校学报》2001年第9期。

石漠化治理推动都安县走上了生产增效、农民增收、生态良好的文明发展道路。[①]

喀斯特地貌使人们对广西各少数民族自治县形成了一种刻板印象，其实这些地方大多自然风光宜人，能够成为生态建设示范县。在15个自治县中，有10个县份是全国生态建设模范县或全国绿化模范单位，其余县份的森林覆盖率都超过60%，这表明广西少数民族自治县的生态环境是非常好的，具有建设生态文明的自然基础。在20世纪80年代以来的经济发展中，这些县份工业化建设严重滞后，使其自然生态没有被大规模的工业化所破坏，反而让它们在生态经济发展的道路上具有明显的后发优势。正因为如此，这些县份大多旅游业比较发达，旅游立县已逐渐成为大多数少数民族自治县的发展方针，发展生态旅游已成为这些县份的第一选择。从接待旅游人数来看（见表2－2），年均接待旅游人数超过100万人的有龙胜各族自治县、三江侗族自治县、融水苗族自治县、巴马瑶族自治县。

表2－2　2012年广西少数民族自治县旅游业和林业发展情况

县份	著名景区（国家3A、4A）	旅游接待人数（万人次）	林业发展状况（万公顷）	生态发展现状
龙胜	4A：龙胜温泉、龙胜梯田	170	20.59	全国生态建设模范县
恭城	无3A、4A景区	76.6	17.6	全国生态农业建设先进县 全国绿化模范县
三江	4A：程阳丹洲景区；3A：丹洲石门冲生态旅游区	112.31	18.83	全国生态建设示范县，油茶林面积4.68万公顷
融水	4A：贝江景区；3A：田头苗寨、龙女沟景区	120.6	36.8	全国绿化模范县
金秀	4A：莲花山	80.29	21.19	坚持“生态立县”战略；森林覆盖率83.58%
富川	“富川八景”、“古明城”、“灵溪庙”等旅游景点，被誉为“小桂林”	87.3	9.27	森林覆盖率47.7%

① 周尚奉，银玉川：《都安县实施生态扶贫发展战略的调研与思考》，http：//www.gxfpw.com/html/c201/2014－02/141705.htm，2014－02－07。

续表

县份	著名景区（国家3A、4A）	旅游接待人数（万人次）	林业发展状况（万公顷）	生态发展现状
隆林	大哄豹自然保护区等	暂无数据	22.9	竹子种植面积6870公顷；森林覆盖率达到62.9%
罗城	无3A、4A景区	15.1	17.49	森林覆盖率66.41%
环江	有九万山久仁和木论喀斯特两个国家级自然保护区	35.11	32.85	全国绿化模范县、国家级生态示范区
巴马	4A：长寿水晶宫、盘阳河流域景区；3A：百魔洞、百鸟岩	176.5	15.54	全国旅游标准化省级示范县、全国休闲农业与乡村旅游示范县、国家西部生态文明示范工程试点县
都安	无3A、4A景区	40	15.43	全国岩溶地貌（喀斯特地貌）发育最为典型的地区之一
大化	3A：七百弄国家地质公园	45.2	20.83	全国生态文明先进县
西林	4A：那劳宫保府古建筑群	暂无数据	20.97	西林县到处是土山土坡，气候湿润，发展林业有优越的条件；全县林业用地占县境总面积81%
凌云	4A：茶山金字塔；3A：水源洞、纳灵河谷、泗成文庙	75.13	11.33	全国绿化模范县；中国名茶之乡
资源	3A：资江景区、天门景区；国家森林公园：八角寨；国家级自然保护区：猫儿山	68.5	15.62	全国造林绿化先进单位、全国绿化模范单位

注：根据《广西统计年鉴》（2013）编制。

3. 部分县份旅游业开发过度，面临着经济发展与生态受损的困局

主要的案例是巴马瑶族自治县。近些年来，作为世界知名的长寿乡，巴马大力发展旅游业。2013年巴马瑶族自治县接待旅游人数达到176.5万人，是广西少

数民族自治县中接待旅游人数最多的县份。发展旅游经济虽然带动了这个国家级贫困县的 GDP，但过度过急的旅游开发又使当地的生态环境承受了极大的压力。

同时，许多企业以长寿之乡为名，大力发展中药保健品、器械以及长寿食品，但环境污染、建设混乱、配套不足等问题使长寿之乡的生态面临不小的压力。一是环境污染，水质变差。十几年前，县城巴马河的水是可以进去游泳的，但如今看着便觉得脏；盘阳河的水以前是可以直接饮用的，现在已经不敢喝了。主要是因为常住在盘阳河沿岸的“候鸟人口”增加后，排放的废水量增大。二是建设混乱。“危楼高百尺，手可伸对门。不敢楼边过，恐怕砸到人。”有人用此诗戏谑巴马核心景区坡月村的楼房乱象。三是基础配套设施的建设跟不上发展的节奏。随着旅游人次井喷式增长，道路交通和生活基本设施跟不上发展的节奏，表现为道路堵塞时有发生，污水、垃圾处理设施跟不上发展步伐。更致命的是，“候鸟人口”和游客的涌入正在快速改变着村民们原有的生活方式：百岁长寿老人成了“景点”，告别了过去习惯了的劳作，每天坐在门前，等着游客前来合影并送上长寿红包；当地物价和景区票价一涨再涨；商贩兜售着各色“长寿药”等。“宁静与祥和被打破了，憨厚朴实的民风变质了”，一位来此居住的休养者略带伤感地说。就连 22 年前亲自将巴马送上“世界长寿之乡”席位的森下敬一，也在国内举行的某次研讨会上直称巴马是“失败的案例”①。

经济发展的急功近利与生态环境的相对脆弱成为发展的困局，需要行政管理部门理性认识和社会治理的循序渐进与创新。应当跳出“开发生态资源以赚取经济收益”这种陈旧的发展思路，扭转到“建设生态区域，提升文明水平”的正确思路上来。

如何在经济发展与生态文明形态跨越发展道路上突破经济发展与生态受损的困境，是广西少数民族自治县跨越发展道路上必须破解的难题。目前各个自治县都有了很好的实践，生态立县已经成为大家的共识，在 15 个自治县中，龙胜、恭城、三江、融水、金秀、环江、巴马、大化、凌云、资源 10 个自治县，都已经成为全国的生态建设示范县或全国绿化模范单位，隆林、罗城、西林 3 县森林覆盖率都超过 60%，这些少数民族地区建设生态文明的实践案例，为实现文明形态的跨越发展提供了现实基础。但巴马瑶族自治县的发展实践又给我们很多教

① 《留住巴马》，《光明日报》2014 年 4 月 8 日。

训，由于旅游开发过度，虽然经济得到了很大的发展，各项产业指标、经济数据有了很大的提升，但生态的破坏使其可持续发展受到了严重的威胁，所以这些县份的生态文明建设依然任重道远。因此，我们要寻找到在经济相对滞后的少数民族地区直接建设生态文明，实现文明形态跨越发展的可行之路。

第三章　少数民族地区文明形态跨越的历史推进

根据我们的论证，当少数民族欠发达地区选择直接迈向生态文明的跨越发展道路，并在当前致力于生态文明建设之后，整个经济面貌并未呈现出什么超越发达地区的状态，而仍然是在反贫困、克服欠发达、摆脱落后的境地上奋斗。从社会经济的发展阶段来看，全国大多数地方已经进入小康水平，而许多民族地区仍然处于争取达到小康，极少数地区甚至处于争取温饱的阶段。为此，我们透过现象分析本质就会认识到，民族欠发达地区文明形态跨越发展的道路将呈现如下特点：三种文明形态交织发展——巩固和充实农业文明的生产内容，是民族欠发达地区跨越发展的起点；利用工业文明的社会经济成果，是民族欠发达地区跨越发展的支撑；瞄准生态文明的内在要求与标准，是民族欠发达地区跨越发展的发展方向。整个图景将呈现纷繁复杂的色彩。

为了具体说明这个特点，本书选择云南、广西两省区中的大石山区来加以分析。

一、民族地区文明形态跨越的起点

1. 特殊的自然条件是三种文明交织发展的背景

云南、广西少数民族地区的共同地理特点，就是大部分地方属于岩溶地区。广西岩溶地区土地总面积1.2亿多亩，占全区面积的35.3%。石山面积占国土面积的30%以上，石山面积30万亩以上的县有43个，集中分布在桂中的红水河流域，柳江流域，桂西的左、右江流域，桂东北的漓江流域中下游两岸。岩溶分布区总人口为1100万人，其中乡村人口950万人，集中了广西30%的农村人口，

少数民族人口 800 多万人，并占全区贫困人口的 70%。云南省是全国岩溶分布最广的省区之一，16 个州（市）均有岩溶分布，在 129 个县（市、区）中，118 个县有岩溶分布，占 91.47%。

石山地区的自然条件连发展传统农业都困难。这里的人们从出生开始就注定要面对茫茫的大山和冷漠的石头。“乱石旮旯地，牛都进不去。春耕一大坡，秋收几小箩”，是石山地区种植业的形象描述。为了从石缝里仅存的泥土中种出苞谷，刨一碗饭吃，人们起早贪黑，整日在山间忙碌。多少年来，这里的农村呈现出的就是道路泥泞不堪、房子风吹欲翻的景象。由于贫穷，儿童不能上学，群众生病不能就医。以广西河池市凤山县为例，据了解，2010 年底仍有 6 万多农村极端贫困人口，年人均纯收入低于 1196 元，其中多数聚居在自然条件恶劣的大石山区。由于缺乏可持续的经济来源支撑，每当遇到自然灾害，石山地区群众生活所需的粮食就得不到保障，畜禽养殖业更无从谈起，石山地区返贫率高达 30% 左右。又如，20 世纪 80 年代，联合国教科文组织的一位岩溶专家在考察了云南的西畴县之后，断言这片“地无三尺平，山无三寸泥”的地方已经基本丧失了人类生存条件。

处于偏远石山区的人民以自给性农牧业为生，为了温饱，人们延续着落后的生产方式，“一年种，二年荒，三年只见大石头”，由此导致石漠化。石漠化是指石山地区水土流失，原有植被遭受破坏，造成石头裸露、山坡溜光、石丛遍布、草木难以生长的自然现象，它被学术界称为“生态癌症”。据 2005 年开展的石漠化监测结果显示，广西已经石漠化的土地达 3500 多万亩，潜在石漠化土地 2700 多万亩。文山壮族苗族自治州位于云南省东南部，全州国土面积 31456 平方公里，是我国典型的岩溶地区，岩溶广泛分布于全州 8 县（市），全州岩溶面积 16792.5 平方公里，占全州国土面积的 53.4%。石漠化面积 10143 平方公里，占全州国土面积的 32.2%。居住在石漠化区的人口有 100 多万人，多数生活在贫困线以下，是扶贫攻坚的重点地区。

石漠化导致岩溶地区生态系统失衡，石漠化区很难存水。为了吃水，人们每天要到十几里外肩挑背扛地取水，消耗了大量劳力。下雨稍不及时，就会引起极度干旱，生态变得异常脆弱。长期以来，许多山区过度开垦、乱砍滥伐，陷入了“越贫越垦、越垦越贫”的恶性循环，耕地被侵蚀，土壤肥力降低，粮食产量低而不稳，大量耕地撂荒或废弃，使石漠化地区成为生态最恶劣、经济最贫困的地区之一。石漠化地区自然灾害频发，经济损失严重。据统计，自 20 世纪 80 年代以来，云南文山州共发生洪涝灾害 37 次。2009 年 8 月以来，文山遭受了长达一年的百年不遇特大旱灾，全州 8 县（市）102 个乡镇 943 个村委会 13782 个自然村受灾；农作物绝收 153 万亩，粮食减产 10570 万公斤；林地受灾 732 万亩；全州 120.7 万人、61.3 万头大牲畜饮水困难；库塘蓄水和主要河流来水锐减，33 座小型水库和 380 座小坝塘干枯，18 条河流断流，大批水利工程损毁，直接经济损失达 26.8 亿元。

滇桂石漠化区是国家今后 10 年 14 个连片特困地区扶贫攻坚的主战场之一。扶贫攻坚战是一个艰巨的系统工程，从改革开放国家有意识地开展这项工程以来，已经搞了 30 多年，它最大的无形成就就是抑制了贫困蔓延的趋势，同时在许多地方明显改善了石山地区的生产生活条件。对于扶贫系统工程本身，也提高了综合性、适应性、有效性。面对难以消除的区域发展差距，我们应当从文明形态发展的新角度来观察滇桂石山地区的反贫困问题。

仅从自然条件来看，这里的生产生活水平无法达到农业文明的正常高度。陶渊明在《桃花源记》中所描绘的理想农业文明与生活必须有两个前提条件：一是合理的社会制度与社会状况，即没有暴政、残酷的剥削和压迫；二是正常的自然条件。滇桂石山地区就不具备第二个条件。在社会主义制度下，滇桂民族地区的人民群众在党的领导下，为建设美好家园与恶劣的自然条件开展了长期的斗争，其基本目标没有超出农业文明概念中的“小康生活”水平。

但是时代不同了，滇桂石山地区处在社会主义工业化的大背景下，争取“农业文明的正常生活水平”的努力必然融进工业文明的内容。分享机械化、电气化的成果成为现实发展的目标。国家工业化的经济成果，使社会有条件拿出一部分财力来扶持滇桂石山地区的发展。

石山地区经济社会发展最迫切的大问题就是生态平衡的维护，其中需要以人力来重建生态恢复的自然条件，我们称之为生态建设。生态建设是无论哪个时代都需要的。发达地区在几千年前就有生态建设，但石山地区的生态建设，如建水库、修水渠、造水柜、植树造林等，却是在工业文明时代才开始的。①工业文明时代产生的无产阶级政党建立社会主义制度，是石山地区启动生态建设的政治前提。且不说整个国家和各级党委的政策方针，就是在石山地区贫穷落后的乡村，共产党的支部组织发动党员也成为生态建设的中坚力量。②石山地区极其贫困的

状态与微薄的财力难以支撑生态建设巨大的人力物力耗费，只有依靠国家工业化发展积累的财富，才有条件对这里的生态建设提供财力援助。石山地区人民群众发扬自力更生、艰苦奋斗的精神，绝不是免除外界提供财力援助的借口，而是更好地发挥外界财力援助效益的依托。③石山地区生态建设的水平应当与工业文明的科技水平相配套，虽然老祖宗留下的生态建设经验有很多宝贵的东西，但已远远不够用了。

尽管石山地区经济社会发展离不开工业文明的支撑，但这里难以大规模开展工业化建设的确是有目共睹的。一些地方政府想要赶超发达地区，从独特资源、特色产业、后发优势、对外开放等思路上寻找本地工业经济发展之路，这些探索是可贵的，但要弄清楚，如果他们有成功经验，很可能不是真正意义上的工业化，不是建设高度的、成熟的工业文明。少数民族石山地区成功的发展经验，实质上是绕开成熟的工业化建设，瞄准生态文明形态。这些地方要进入工业文明时代，就要分享国家的工业化成果，发展生态文明建设的成就。

综上所述，从文明形态发展的新角度来观察，滇桂石山地区的反贫困与发展有三种文明的交织：其一，要争取达到一般区域农业文明的正常生产生活水平；其二，要在外界工业文明成就的援助下开展必要的经济与生态建设；其三，要根据本地的客观条件，不搞大规模的工业建设，绕开工业经济某些发展阶段，直接瞄准生态文明的发展方向。这可以归纳为：农业文明的基本任务，工业文明的支撑条件，生态文明的发展方向。

2. 农业文明的基本任务

通过适合本地自然生态条件的种养生产解决人民群众的温饱问题，对于一般地方是轻而易举的，但对于滇桂石山地区来说是十分困难的。

首先，选择适合本地自然生态条件的生产项目就大有文章。应根据石山地区不同的海拔高度、坡度、土壤、气候和生物等特点，因地制宜地安排林果种植。

从 2001 年起，广西河池市凤山县摒弃大石山区传统的玉米种植方式，坚持推广核桃产业，10 余万亩的核桃树将昔日的石漠化山区变成了“绿色银行”。核桃是重要的生态经济林木和木本油料，核桃使大石山区既收获了脱贫的“票子”，又盖上了生态的“被子”。[1] 核桃是当前有市场的农产品，人们称之为石头

---

① 新华网广西频道，2012 年 5 月 4 日。

缝里生出“摇钱树”。石山区坡地里含铁量很高，种植玉米产量低，每亩收入只有 100 多元。据凤山县凤城镇弄者村党支部书记罗文志的计算，一亩坡地大概能种植核桃树 30 株，10 年后进入挂果期，15 年后进入丰产期。在丰产期，每棵树可产干果 5 公斤左右，按照现在的市场价每公斤 40～50 元，每棵树产值在200～250 元，一亩核桃林的收入在 6000～7500 元。即使按半价计算，每亩也有 3000 多元的收入。核桃耐旱、耐瘠，适合在石缝等恶劣环境中生长，家家户户都能种植，可以帮助大石山区贫困人口脱贫致富。凤山县委书记黄德意介绍，2013 年凤山全县核桃种植面积达 10 万余亩，初挂果面积 1.9 万亩，当年预计产量 400 多吨，产值 1500 多万元。

生产项目还要应对有加剧趋势的石漠化。凤山县是典型的大石山区，全县总面积 1738 平方公里，其中岩溶地面积就占了 805 平方公里，石漠化面积 595 平方公里。大规模种植核桃对于遏制石漠化的蔓延有着积极作用。为使种植在石山上的核桃树能够产生更大的生态效益，凤山县创造了“砌墙补土护核桃”的办法，即围绕核桃植株砌直径 2～3 米的护土墙，并补土 1.5～2.0 立方米护树，为核桃树提供一个“人造水柜”，提高土壤保水保肥能力，利用有限的土地资源、空间，营建出适宜核桃树生长挂果的“温床”。核桃已经成了凤山治理石漠化的“生态树”，“房在树中，村在林中，人在景中”成为核桃种植区村屯建设的真实写照。

凤山县水果局局长张武贵介绍，核桃种植只需在前期投入，8～10 年后才开始结果。在此期间，除人工费外，苗木费、肥料费等一亩总投入仅为 1800 多元。但是核桃收获期长，高达 80～100 年，目前当地 100 年以上的大树仍结果累累。另外，核桃种植成本低、技术含量不高、易储藏，容易在大石山区大规模推广。

无独有偶，在云南的鲁甸县江底乡江底村、水塘村，也是选择种核桃。2000 年，两个村农民人均纯收入仅有 520 元，人均有粮仅有 200 公斤左右，是全县典型的石漠化贫困村。自 2008 年以来，通过石漠化项目的实施，江底乡江底、水塘两村共发展经济林核桃产业 10363.5 亩，通过种植、抚育管理，预计经济林核桃 6 年后进入挂果期，年收入每亩 800 元左右，以后每年每亩平均增长 600 元，15 年后进入高产稳产期，预计每年每亩年收入可达 6800 余元。

另一个例子是油茶。油茶有三大功用：①它是一种多年生木本植物，是很好的绿化树种。②它是一种适合山区种植的油料作物，是能为生产者脱贫的经济作

物。③它的产品茶油是具有保健功能的食用油，市场前景无限。为此，国家出台了政策，引导相关地区发展该项产业。文山州广南县将油茶产业作为石漠化治理的重要产业来抓，目前完成新植油茶基地 10.5 万亩，低产油茶改造 18.6 万亩。广西河池市也将这个传统经济林进一步扩展，建立了多处油茶基地。现在河池市的油茶种植面积近 100 万亩，年产油茶 1 万吨左右，茶籽加工企业 10 多家，规模以上的有 3 家[①]。专家指出，河池油茶产业要解决的问题是：提高经营集约程度，推广科学的丰产栽培技术，改造低产油茶林，改变粗放的管理方式；提高加工技术，采用先进的榨油方法；将油茶生产推向循环经济的轨道。我们看到，油茶产业是基于农业文明的生产，但包含了工业文明与生态文明的因素。目前当地还处在油茶籽生产低于加工能力、油茶商品小于市场需求的时期，所以发展农业文明的这项生产任务仍需继续努力。

二、民族地区文明形态跨越的支撑

石山地区要完成农业文明中的基本任务，没有工业文明成就来支撑是难以达到的。从以下三个角度可以论证工业文明是滇桂石山地区反贫困与发展的支撑。

1. 工业文明为农村提供了完全区别于农业文明的社会化生产方式

工业文明首先提供的是社会化生产方式，体现在石山地区现实的农业生产中，就是发展农业产业化。利用山区丰富的农、林、牧产品资源，大力提升加工技术，在优势产品主要生产区域建设一批不同层次的加工工业园区，提高产品附加值和产业的集聚效应，加快发展农林牧产品加工业。同时，建设一批具有区域性的大型农林牧产品批发交易市场，加快发展农林牧产品现代流通业。重点培育农业龙头企业，大力发展“订单农业”，建立“公司 + 基地 + 农户”发展模式，发展以农林牧产品生产和营销专业户为主体的农民专业合作组织，提高农业产业化经营水平。在扶贫工作中，采取上述的产业化扶贫模式可谓棋高一筹，能够更有效地引导贫困群众走集约化、专业化、标准化、基地化生产路子，使贫困农户

① 潘奇芳：《进一步发展河池油茶产业探讨》，载《桂西资源开发新思路》，广西人民出版社 2012 年版。

通过参与农业产业化各个环节实现增收。

农业产业化中重要的一环就是开展职业技能培训，开展农业实用技术培训，培养农村科技人才，健全社会科技服务组织，推广设施农业和高效农业，转变农村生产经营方式。而设施农业所需的农业工具已经不同于农业文明中的工具，这要现代制造业来提供。

2. 工业文明为农村非农化、城镇化与劳务输出提供了外部条件

大石山区自然条件差，人均耕地少，解决贫困问题不能仅靠农业生产自身的发展，农业产业化也要有相应的社会条件，这都需要有一定程度的非农化、城镇化与劳务输出，我们将其称为辅助“三农”（农业、农村、农民）的“三件事”。这“三件事”对农业升级、农村兴旺、农民进步的作用，是由农业较低的比较利益所决定的。非农化促进人口较多的农村发展分工分业，发展适合农村的二、三产业；城镇化是在有相当范围的区域中，提高非农产业相对发达的中心乡镇或县城的城镇化水平，以期产生“极化效应”，增强这里的经济辐射能力；劳务输出能够暂时增加农民收入，扩大偏远山区村民的眼界、见识，客观上起到社会培训的作用。如文山州大力实施劳务输出战略，将部分乡村人口转移出去，增加了土地、粮食、能源、饮用水等人均占有资源量，缓解了人与自然的紧张关系。劳务输出有效缓解了生态破坏，贫困人口减少，经济与社会事业发展的压力有所减轻。对外出务工人员进行培训，有利于提高农村劳动力的综合素质，“挣了票子，换了脑子”，达到了“输出一人、受益一户、带动一片”的目标。

除了农业产业化环节中的农业生产技术培训外，还有“三件事”中的劳动力转移就业培训。有的地方政府用购买岗位或购买服务来促进农村劳动力就业，使贫困地区劳动力技能素质得到提高并实现稳定转移就业，进而能够在城镇安家落户，使部分农村人口转变为城镇居民。

这“三件事”还能带动农村的制度创新、技术进步和城市经济的辐射力。制度创新包括土地制度、户籍制度、农业保护、农村低保、财政支出倾斜等深层次变革；技术进步的核心问题是农村教育；城市的资金、技术、管理经验等经济资源能够在这“三件事”的带动下向农村转移。

3. 工业文明为石山地区的基本建设提供了财力支持

人们从现象上概括出少数民族贫困山区的扶贫需要有“输血”与“造血”两个方面。这里的误区是，认为“输血”与“造血”是此消彼长的，随着贫困

地区“造血”能力的增强，“输血”将会逐步减退。其实正好相反，当贫困地区“造血”能力低下的时候，“输血”往往是无效的；贫困地区“造血”能力越强，“输血”的效率越高，规模越大。而向贫困地区“输血”的经济来源，就是大区域的工业文明发展水平。在工业文明经济实力的支撑下，少数民族贫困山区要完成以下三项建设：

首先是石山地区的基础设施建设，如公路、电网、人畜饮水工程、沼气池。新农村建设要以抓基础设施建设来强基固本，大石山区应开展基础设施建设大会战。综合治理与基础设施建设可以缓解当地群众行路难、用水难、排污难等问题，工程建设还为当地农民工提供了新的就业岗位，增加了项目区农民的工资性收入。

其次是石山地区的生态建设。受石漠化危害的所有区域都要开展生态环境综合治理，以小流域为单元，生物治理和工程治理相结合，通过实施封山育林、人工造林、草食畜牧业、建设基本口粮田、坡改梯、砌墙保土、小型水利水保工程、修建山塘等改善治理区的生态环境，所需财力，要靠其他地方工业化的经济收入来支援。

在植被覆盖较少、岩石裸露较多、石漠化危害较重的石山区，首要任务是恢复生态，解决好增加植被的问题。一个典型案例是云南省建水县岔科镇初达村多多箐小流域，海拔1100～1250米，年降水量不足800毫米，年蒸发量约2400毫米。土壤为石灰岩赤红壤。植被遭受严重破坏，治理区内只有少量灌木林，森林覆盖率极低。喀斯特地貌发育强烈，造林地岩石裸露程度达50%～70%，石漠化现象严重，为高温低湿石漠化区。2008年共营造乔灌、针阔混交防护林3500亩，造林成活率、保存率较高，土地石漠化得到控制，生态环境明显改善。另一个典型案例是西畴县兴街镇江龙村，该村已建成提水泵站1座，引水渠4.1公里，基本农田160亩，坡改梯300亩，实现了人畜饮水安全。加上建沼气池、制止乱砍滥伐、封山育林1000余亩、发展经济林果柑橘260亩，产生的生态、经济效果是：森林覆盖率由1990年的32%增加到2011年的80.4%，人均纯收入由1990年的208元增加到2011年的5600元。

从2008年开始，云南省在文山、砚山、广南、会泽、宣威、鲁甸、巧家、建水、泸西、易门、玉龙、隆阳12个县（市、区）开展石漠化综合治理试点工程建设。据不完全统计，共整合相关项目资金47918万元，新增森林植被40.7

万亩，草地植被 5.7 万亩，新增森林蓄水量 40.5 万立方米，减少土壤流失量 32.5 万吨。其中，文山市、砚山县、广南县是国家石漠化综合治理的试点县（市）。为实现 2008～2010 年石漠化治理规划的目标（治理面积 385 平方公里，完成人工造林 10.6 万亩，种草 630 亩，封山育林 35.3 万亩，新增森林植被 10.6 万亩，减少水土流失 7 万吨），3 年的项目资金共安排 1158.834 万元。建设“森林文山”，将文山打造成 21 世纪的生态家园①。

文山州各族群众面对石漠化，在奋起抗争中培育了闻名全国的“西畴精神”。西畴人民以火一样的热情和钢铁般的意志，以石漠化治理为突破口，实施“山、水、林、田、路”综合治理，树立大生态理念，走“生态产业化、产业生态化”之路，打造绿色生态家园，走可持续发展道路，促进传统农业向绿色生态效益型农业转变。致力于改善生态环境，大力发展生态经济，建设生态人居环境，繁荣生态文化，使之成为西畴的立县之基、发展之源、富民之本。

最后是社会主义新农村建设。在石山地区，社会主义新农村是作为扶贫工作开展的，其实质是通过外部的经济援助，为当地人民群众构筑接近现代化的生活条件，提高人的生产与再生产的起点。“新农村”的标准会根据各地的经济发展状况有所区别，但一般要高于农业文明条件下的农村面貌。新农村建设虽然需要搞好村容村貌，但最重要的是乡村的义务教育与合作医疗水平。只要省市一级或国家的工业经济达到一定成就，有足够的经济实力，就可以进行相应的扶贫支援来开展这项建设。如云南文山州，在“僰人”② 地区，通路、通电、住房、就医等问题逐步解决，“僰人”发展扶持工作稳步开展。如今的“山瑶”、“僰人”村，一条条水泥路坦荡平直，一座座砖瓦房错落有致。这样的新农村，通常还有漂亮的小学、幼儿园、党员活动室、文化活动场和环山小花园，对人健康发展的意义不可估量。

---

① 《云南省岩溶地区石漠化综合治理有成效》，《中国日报》2011 年 4 月 15 日。

② “僰人”是先秦时期就在中国西南（主要在川、滇、黔三省）居住的一个古老民族。僰（音 bó）人，古时读濮。濮即越人，人们多称为百濮，属于百越民族的一支，西周时期曾建立棘（僰）国。明朝时僰人在与朝廷的战争中遭灭族之祸，整体民族不再存在，分散的后裔逐渐被汉族或其他民族同化。现今居住在云南的“僰人”后裔划分为彝族。

三、民族地区文明形态跨越的发展方向

生态文明形态作为未来的蓝图，对于发达地区尚且是长远理想，对于民族欠发达地区是否过于遥远？的确，民族欠发达地区的现实目标并不是实现生态文明形态，但并不排斥这些地区将其作为实实在在的发展方向。因为，生态文明的许多构件可以从现在起就努力铸造，这些构件既是现实要解决的发展要素，又是未来方向性的因素。

1. 第一构件：人的发展

人的发展是任何一个地区跟进文明形态演进的发展行动。少数民族地区的发展，最重要的是人的发展。凡是有利于人的发展的措施，都有利于少数民族地区迈向生态文明。

民族欠发达地区经济发展的一大制约因素是人口素质比较低，文化水平、科学技术、经营能力很难适应经济发展的需要。因此，民族欠发达地区的脱贫致富在于科教扶贫。经济发展越有成效，越要依靠科技和教育，逐步使经济与科教形成循环推进的局面。

人的进步比社会经济“面貌”的变化更重要。在“少数民族的发展”概念域中，人的发展比地区的发展更重要。少数民族地区的经济发展有各种驱动因素，外部资源的输入不可缺少，但人的进步应当占据主要地位。当外部资源输入到来之时，本地能否利用、消化、吸收，最后在此基础上创新发展，离不开人的作用。民族地区经济面貌变化了，现代化的产业出现、企业诞生、商品堆积于市场、物质信息来往于不同区域，这其中最重要的变化是少数民族本身的能力增强、素质提高。

要努力培育三类人力资源：一是农村的党员、干部、模范人物，他们是经济发展的政治资源，是社会主义文明建设（自然包括生态文明建设）的带头人或骨干，是发展事业的凝聚力、主心骨。二是农村的专业技术人员、种养能手、创业模范、新型农民，在迈向生态文明的事业中，需要有知识、有头脑、有专业技能的劳动者。三是农村内外的合作者，包括本村对外合作与外来与之合作的经营者，他们在事业心的引领下，有眼光、有诚意、善于协调矛盾，共同将生态资源转化为经济资源。

民族地区提高人的素质的途径包括：①义务教育。②结合扶贫工作与科教兴农的专业技术培训、经验交流、观摩学习，包括发展当地有特色的旅游业。③结合减灾防灾、促进生态建设的科普宣传与培训。④劳务输出中的培训。⑤通过外出经营创业或地区合作，逐步提高经营能力。

2. 第二构件：本地经济生态化

发展循环经济、低碳经济，建立“两型”社会，民族地区与发达地区可以各显其能，最终迈向生态文明。

西南民族地区可以在农业方式上创新，努力发展生态农业、庭院经济。通过“无化肥与化学农资”的有机方式，生产粮食、栽果树、种经济作物、饲养家禽牲畜、创办生态型小加工企业等，打造有市场优势的农产品，以就地开发为主实现脱贫致富。

云南西畴县以沼气为切入点建设农村生态家园，探索出“养殖—沼气—种植”的三位一体庭院经济循环模式，即在生态家园内养猪，建沼气池，粪便入沼气池，沼气作为能源，沼渣肥土地，形成“养猪不垫圈、照明不用电、做饭不需柴、种菜不花化肥钱、绿色产品无污染”的生产生活模式。

3. 第三构件：奠定未来整个国家的生态功能区基础

整个国家要从工业文明迈向生态文明，需要有区域分工。大体上来说，发达地区主要是在工业文明基础上进行产业转型，实现产业生态化，而像西南石山地区这类地方，并没有什么雄厚的工业文明基础，但承担着整个国家区域性生态保障的重任。在已有的三次产业生态化转型任务之外，需要着重努力的是以下任务：

（1）围绕水土保持、生态平衡目标，进行国土建设，构筑全国性的生态屏障。西部省区大多地处长江上游、黄河中游，生态建设地位重要。国家应当对西部生态建设实行项目倾斜，完善生态补偿机制，提高科技支撑，为中东部地区构筑起西部生态屏障。林业是生态建设的主体，发挥着核心作用。生态补偿机制要对全部公益林实施生态效益补偿，考核生态林的维护、扩展情况。

（2）西南石山地区应当成为中国重要的旅游基地，在旅游业的发展中，应取得三重效果：一是发掘、保存、维护石山地区得天独厚的旅游资源（民族风情、历史名胜、自然山水），促进生态建设与文化建设。二是作为扶贫模式，促

进贫困劳动力就业，实现开发一方景区、繁荣一方经济，致富一方百姓、丰富一方生活的目标。三是提升民族地区生活方式的文明程度，为未来整个社会以更多精神享乐替代物质享乐的变化做出贡献。

（3）在新能源领域赶超发达地区的经济发展水平。北方民族地区的风能和南方民族地区的生物质能，都具有很大的发展潜力，可以促进发达地区的资金技术输入，带来新能源产业的大发展。西南石山地区依托生物质能进行农村能源建设，可开辟农村生活用能的新局面，创造符合生态文明要求的生活方式。

生态补偿是使民族地区承担国家区域性生态保障重任、促进整个国家走向生态文明的基本政策。我国生态补偿的地域广、面积大、类型多、情况复杂，很难在全国范围内同时开展生态补偿工作，只能逐步改进、逐步完善。生态补偿要考虑不同部门、行业、产业对生态环境的影响，或对生态环境改善所做的贡献大小。应对国家生态保护区域内乡镇政府的财政减收、基础建设、居民及公共服务等给予补助性生态补偿。

科技支撑是西部生态建设可持续发展的保障之一。建议有关部门吸收大学、科研院所的研究人员成立生态建设科技支撑专家组，以技术承包、技术合作、技术入股等多种形式参与生态建设，结合生产搞研究，利用科技促生产，为生态建设提供强大的技术支持。

四、三种文明的交织发展

1. 三种文明交织发展的范例

上述三种文明的内容只是理论工作者分析的结果，现实生活中呈现的是三种文明的内容不可分割的混杂现象。

以云南省文山州石漠化治理综合措施为例来分析。面对石漠化的严重侵袭，文山州一直在实践中摸索，通过几年的石漠化综合试点实践，积极采取了工程措施与生物措施相结合、经济建设与生态建设相结合、发展生产与劳务输出相结合、就地开发与异地开发相结合的措施。

文山州采取了“山顶戴帽子、山腰系带子、山脚搭台子、平地铺毯子、入户建池子”的系统工程，包含着上述三种文明交织发展的内容。这一系统工程的内容为：

（1）山顶戴帽子——采取封山育林、植树造林、生态公益林保护等措施，恢复森林植被，搞好水土保持。2000～2010年，在实施天保工程中，全州共人工造林30.75万亩，封山育林98.07万亩。在实施防护林工程中，人工造林632.65万亩，封山育林485.97万亩。

（2）山腰系带子——2002年启动实施退耕还林工程。据统计，2002～2010年，全州共实施退耕还林143100亩，利用退耕还林和沿山一带的土地，大力发展核桃、油茶等特色经济林，促进农民增收。现已种植经济林果29122.3亩，在山腰系上了绿色的“带子”。

（3）山脚搭台子——文山州在山前对坡度小于25度的平缓地带，通过“坡改梯”、修排灌渠、建谷坊坝、修筑拦沙坝等措施，营造生物埂，防止水土流失，有效保护和增加了基本农田面积。仅在文山市追栗街镇大水井项目区，就完成坡改梯2656亩、炸石垒台造地800亩、谷坊坝5座、拦沙坝9座、旱地水窖820口。

（4）平地铺毯子——结合岩溶地下找水，大兴水利建设，着力开展中低产农田改造和高稳产农田建设。截至2010年底，全州共实施了100万亩中低产农田改造，完成小型水利水保工程2151件。围绕水源建设，实施病险水库除险，大量修建坝塘、水池、水窖，新增蓄水量，兼顾人畜饮水，使改造后的中低产农田水利设施得到完善。

（5）入户建池子——大力发展户用沼气池、小水池（窖）建设，户均建一口水窖、一个沼气池、一个秸秆氨化池，解决农村能源、人畜饮水和牲畜饲料问题。据统计，目前全州共建成沼气池271100口，按照建一口沼气池年均节约柴薪2吨计算，每年可以节约柴薪542200吨，减少破坏森林10.8万亩；实施农村节柴灶改良637213户；安装太阳能47900平方米，使生态环境得到极大的改善。小水窖的建设极大地改善了群众的生产生活，小水窖灌满一次够一家人吃上3个月以上，遇到特大干旱时，小水窖就派上了大用场。①

上述五大措施中，分别显现着三种文明的色彩：①发展特色经济林体现了农

① 《建设绿色生态家园——云南省文山州石漠化综合治理工作纪实》，《中国日报》2011年4月13日。

业文明的基本任务，保障了石山地区的经济再生产，是扶贫工程的中心工作。②开展各项生态建设，是在工业文明社会经济大背景下，完成农业文明基本任务的起码保证，是整个地区生产生活条件得以维系的迫切需要，保障了石山地区的自然生态环境再生产，是扶贫工程的基础工作。在自然条件恶劣地方开展这项建设所需的财力与科技，离不开工业文明的经济成就；而适合当地的种养生产项目与部分生态建设，也离不开必要的产业化指导与帮助。③建沼气池、安装太阳能作为新能源的起步，体现了生态文明的发展方向。这一起步如果没有持续的新兴科技的推动，没有整个社会发展循环经济、低碳经济的大背景拉动，没有群众自觉地转变生产生活方式的观念进步，其生态文明的幼芽很难成长为参天大树。

2. 从农业文明走向生态文明的经济条件

从农业文明走向生态文明的起步不容易。在三种文明的交织发展中，最关键的任务是以农业文明的成就来实现脱贫致富。所谓万事开头难，这一起步中面临的问题有两个：①少数民族地区本身不搞完全的工业化建设，不等于与工业化、信息化无关；相反，要通过各类基础设施建设和充分的开放、交流，分享发达地区的工业化、信息化成果，使其完全融入少数民族地区的经济社会中。这就要解决如何创造条件来享受工业化、信息化发展成果的问题。②为了取得接受外界工业化、信息化成果的财力，少数民族地区要大力发展适合自身实际的绿色产业、绿色经济，在三次产业中寻找绿色开发项目。

少数民族地区走向生态文明的经济条件：

（1）在生产力方面，推进农业产业化建设。发展培育流通公司、加工企业与农户联建的农产品基地。有效推进绿色产业发展战略，使生态建设、环境保护、资源利用、经济社会发展有机结合。“既有金山银山，又有绿水青山”，坚持“两型”社会建设要求，使经济社会在生态平衡的基础上实现持续发展，走出一条不离乡、能就业、不砍树、能致富的发展之路。按照“一、三、二”产业顺序推行三次产业绿色化，力争三次产业都遵循循环经济标准，发挥本地的自然生态优势，实现资源的高效利用和循环利用。

第一产业在高效生态农业上实现新跨越。农业本身的方式达到可改进，恢复绿肥种植，增加土壤肥力。利用丰富的林地资源，结合用材林抚育和经济林改造，充分利用林下空间和通风透光条件，扩大可再生森林资源，按照合理比例安排经济林，发展林产品，围绕丰富的林特资源，大力发展林粮、林油、林药、林茶、林菌、林桑、林畜、林禽等多种模式的林下产业，推动林下经济走上特色化、规模化、产业化发展之路，实现山上种树、林中放牧、林下种药，形成长短结合、林农牧药协调发展的林下经济产业化格局。

第二产业在新型生态工业上实现新跨越。原有那些资源消耗大、污染重的企业要完成转型或处理，杜绝“三高一低”项目落户。发展特色农产品深加工产业，如丝绸纺织、木料加工、食品。积极培育生物医药、绿色能源等新兴产业，在新能源应用、循环经济的方式下发展传统产业（如冶金、化工、机械制造和建筑装饰等），规范提升节能环保、高端装备制造等新兴产业。

第三产业在农民购买力大幅度提高、社会风气更加文明（消除赌博、酗酒、迷信等不良消费）的基础上，在村镇、乡镇一级发展面向本地居民的服务业，让村民在相当程度上享受城市的现代文明，城市与乡村居民共同开展绿色消费、绿色出行、清洁生产等生态行动。同时在生态旅游上实现新跨越，发展乡村旅游、温泉旅游、森林旅游等绿色生态旅游，建设休闲度假、养生养老目的地，创建有质量的旅游景区、旅游名镇、旅游名村。将民族传统节庆与旅游相互融合，各乡将特色农产品与文化娱乐活动、物质消费与相关联的歌舞相结合，实现生产丰收、文化繁荣。

（2）在生产关系方面，解决财富的公平分配，发展集体经济。集体经济更有利于合理正确地处理乡村的生态资产与国土资源，更有利于有效培育农村进入现代市场经济所需的组织资源，关键是在农村建立健全党政基层组织，建立健全村民民主制度，使集体经济建立在为公、为民的基础上。集体经济在产权治理上能够充分体现村民公有、管理者受到有效的制度约束的特点。尤其是用乡村的集体自然资产与外部资金结合，与外部企业开展资产交易时，确保管理者真正代表村民的集体利益将有力地推进经济发展。

3. 生态文明逐步实现的前景

完成农业文明的基本任务并实现脱贫致富目标之后，少数民族欠发达地区的生态文明应当逐步呈现这样的前景：

（1）实现人与自然的初步和谐，沙漠化、石漠化得到治理，水土流失得到有效控制，自然灾害得到遏制，到处呈现青山绿水的景观，人居环境优良。森林覆盖率达到40%以上，林相、林种结构趋向合理，森林生态功能明显。扩大生态公益林，加强生物多样性保护，野生动物、珍稀植物种群得到恢复和发展。在

处于国家重点生态功能区的地方，能够根据地理条件，建设好森林公园、湿地公园、地质公园，建成山水园林城，让森林植被保持原生态，保护好“植物基因库”。

（2）在生态经济条件下破解城乡差距这一发展难题，实现城乡一体发展、工农互动发展、区域协调发展，城镇乡共同走上“绿色崛起、跨越发展”道路。按照绿色城市标准建设中小城市、小城镇，建设现代化的生态型新农村，合理安排山、水、林、田、路、园，在生态人居环境上实现新跨越。城市更多地带动农村共富共荣，农民把产业增收链条延伸到企业，企业把生产车间建到山地田间，相互支撑，互利互惠。

（3）在全社会基本普及生态科学、生态消费、生态责任等生态文明理念，初步形成低碳环保的生活方式。实现少数民族历史上流传下来的优良习俗与现代科学知识相结合。农村富裕起来的村镇能够既抛弃含有封建糟粕的陈旧习俗，又避开发展成就中附带的工业文明中某些反生态生活方式。

五、迈向生态文明形态的发展阶段

少数民族地区迈向生态文明形态的跨越发展，大体上有以下阶段：

1. 脱贫致富的阶段

迈开建设生态文明形态的步子，在生态文明建设的基础上实现小康生活，完成脱贫致富的历史使命，实现从农业文明向生态文明跨越发展。这一阶段可预期在中国共产党成立100周年到新中国成立100周年，中国整体进入中等发达水平的时候达到。

这一阶段的跨越发展与解决“三农”问题密切相关。应在生态文明引领下，实现农业现代化、建成社会主义新农村、造就新一代职业农民。

（1）解决农业的现代化发展问题，改变传统农业生产方式。西南民族欠发达地区的自然地理条件决定了这里不能走西方石油农业的道路，规模化、高劳动生产率的农田大生产在这里没有发展可能。考虑保持生态环境的需要，应发展现代化意义上的生态农业，即具有以下特征的农业：①社会化农业，推进农产品基地化、规模化、标准化生产，形成订单农业、合同农业、共同投资农业。在“龙头”企业带动下，实现产销一体。培育省、市级农业产业化龙头企业，建立专业研究所，成立各类产业建设专业合作社。②加工农业，培育壮大有规模的企业，公司与农户签建生产基地，加工企业与农户联建农产品基地。③品牌农业，拥有一系列含金量极高的绿色品牌。④出口农业，使更多的农产品获得绿色食品和有机食品认证，企业通过国际质量体系认证，获得自营出口权。⑤设施农业，充分利用工业的成果，为农业高产化、精细化、高效化提供控温、控湿、控肥、调光等种种操作设备。⑥观光农业、体验农业，这是利用农业天然的生态功能，将农业生产与旅游、教育相结合。

（2）解决农村的现代化建设问题。在现代化农业基础上，形成交通便利、用电方便、信息畅通、饮水清洁、村容村貌焕然一新的新农村。此外，还有几个深层次的问题应得到解决：①农村居民稳定。除了农业剩余劳动力逐步有序向城镇转移之外，较多数量的农民在乡村从事生态农业（如林果、经济作物），有稳定的年收入。长年在城镇务工的农民，最好成为新的镇民、市民，脱离农村生活，但不妨保留在农村的“别墅”，可以回村度假。外出务工最好成为季节性或临时性的事，基本职业是在本村工作。在农村的村民能够工作稳定、丰衣足食、安居乐业，不必为挣钱这个单一的目的而抛家进城。如此，家庭分裂、留守儿童与老人就将成为历史。②社会治理合格，有廉洁勤政的村级组织、较强的村民自治能力、健全的村务民主。③治安良好、秩序井然、文明新风，没有留下赌博、偷盗、迷信、犯罪的恶习。④合乎村级需要的教育文化事业得到发展，全体儿童都能完成九年义务教育，知识、信息获取充分满足，文化生活丰富多彩，村民能经常参与本村及以外的文化活动，每个村民都有外出旅游的经历。

许多民族地区的扶贫工作都将农村的道路硬化、环境美化、住房改善等作为目标。首先达到这些目标的，是那些异地搬迁、在新址建村的新农村。环江毛南族自治县大安乡可爱村，原来 15 个村民小组 140 户人家分成 35 个自然屯，零星散布在大石山里，在河池市开发扶贫中列为“整村搬迁”项目。新村分为生产开发区与生活区，相隔只有 1.5 公里。生产开发区有偿调整土地面积 646 亩，发展生态农业。生活区每户建房占地面积 72 平方米，每户 2 层半，两户联排式，每排建筑间距为 10 米，屋后皆有绿化用地；村庄内主干道宽 8 米，次干道宽 5 米，宅间道路宽 4 米；村内有水车、游泳池、篮球场、村委办公楼、文化活动室、村级博物馆等公共设施。参观者看到后会由衷地感到农民过上了小康生活，

农村面貌与过去大不相同。

（3）解决农民自身的现代化发展问题。在扶贫工作中，人们常说，扶贫先扶志，扶贫先扶智，就是说从人的素质提高入手。在民族欠发达地区跨越发展中的脱贫致富阶段，改进村民的精神面貌、提高文化水平、增强生产技能，都是具有重要意义的。培训教育在扶贫工作中要有成效，真正产生经济效果。而最重要的效果就是经过培训教育之后，改变了生产方式，从经验型的生产劳动转变为科技指导型的生产劳动，从自我全能型的生产者转变为技能输入接受者。

生产方式的改变与人的素质提高密不可分。既然是跨越式发展，那么许多地方发展起点很低，中间经过的阶段很短。有的村寨发展农业只是将传统农业文明较高的生产方式学到手，有的村寨只是发展传统手工业、商业服务业，这些中间阶段离我们总体追求的现代化还相差甚远。发展这些产业的意义不在于它们本身，而是给少数民族群众一个学习上进的机会。例如，那里发展的只是千年前就有的农产品，或者千年前就有的加工食品，但在增加收入的推动下，运用了网络技术来开辟市场，运用了当代科技来改进生产，把相关的农业社会、工业社会、信息社会的知识或技术都学到一些，人的思维习惯、思维方式、思维能力就变化了。也许几年后这些商品又难以经营了，但从事过这些生产经营的劳动者却不同了，他们可以转向新的选择。所以，人的发展比经济的发展更重要。

如果少数民族人员通过专门的培训和教育走上新的工作岗位，对于提高民族素质不可缺少的话，那么，已经处于生产实践中的劳动者，在改变生产方式的推动下提高经济素质，则更有全面的意义。传统农业生产经营方式转变为现代化的生产经营方式，是振兴民族经济最普遍的选择。这方面的转变包括了一系列的环节：①环顾市场变化趋势，发现最具竞争优势的品种，了解农产品的品质知识，做出科学决策。②围绕品牌塑造，推进精细生产管理，不断提高产品品质，并善于增强知名度。③在科技发展与经验总结的基础上，实施更先进的生产技术，提高生产效率。④从生产组织与经营机构的创新上凝聚合力，提高生产的社会化水平。⑤用信息化推动农业现代化，将互联网技术手段融入生产、流通、融资、技术协作的环节中。上述每一个环节都离不开劳动者素质的提高，只有少数民族群众都能成为“有知识、有技术、懂经营、会管理”的新型劳动者，各地方才能在原有产业的基础上实现现代化跃迁，实现依靠农业生产致富的目标。

以凤山发展优质土猪生产为例，对应上述五个环节做简要说明：①优质土猪是凤山县的传统名优特产，与巴马的香猪、田阳的七里猪相媲美，是适应当代发展无公害绿色农产品的良好选择。由于没有很好地开发，土猪知名度不大，市场未拓展，这个品种具有很大的发展潜力。②当地各界应重视起来，在维持、改进原有品质的基础上，通过各种渠道，如扶贫工作、旅游、营销、文化宣传等，提高凤山优质土猪的知名度，制定与实施品牌战略。③借鉴山东“莱芜黑猪”、吉林“松辽黑猪”的野外放养技术，结合发展林下经济，建设相应设施，积累初期驯化、饲养管理、饲料搭配、喂食、防治疫病、规模控制等经验技术，做好相应的培训工作。④发展专业合作社，构建“公司 + 协会 + 农户”的经营链条，完善利益主体之间的合同管理，发展农工商一体化，鼓励和扶助专业村的建立。⑤利用网络扩大宣传半径，从网络联系向网络交易发展。所有这些努力都要当事人适应社会进步的趋势，努力学习新事物，更新观念，尽力掌握新技能。总之，生产方式转向现代化的成效都取决于劳动者的素质提高。

总的来看，少数民族群众本身也要经过从农业社会（甚至是农业社会的初级阶段）劳动者到工业社会劳动者，再到信息社会劳动者的跨越式发展，从起点开始的中间阶段只能缩短，大步向着高端目标前进。

2. 超越工业文明的阶段

赶上并超过工业文明的生活水平、生活质量与幸福指数，充分展示生态文明基础上的富强、民主、和谐状态，初步实现人与自然的和谐，这一阶段可预期在21 世纪下半叶达到。

民族欠发达地区的乡镇能否在农业文明迈向生态文明的过程中出现超越工业文明的生活水平？我们先来做这样一个对比。一个经过工业化高级阶段进入后工业社会、充分得到工业文明成果的城市，与一个在生态文明引领下充分吸收工业文明的成果、直接从农业文明的状态达到高于小康生活的富裕社会的农村，两者的生活水平、质量与幸福指数，经过比较后发现各有长短。①从生活设施的齐全来看，城市优于乡村。不管乡村如何富裕，有些带有垄断性质的生活设施是乡村难以设立的，如机场、高铁车站等。一些教育、文化、医疗设施，乡村可以全部具备，但档次级别要低于城市。乡村市场上商品的丰富程度也比不上城市中的大型超市。②从人居环境来看，富裕起来的乡村，其道路、住房、花园等不会比城市差，而其天然的自然条件决定了城市不会优于乡村，风光视野、宽敞空间、阳光空气都是繁华拥挤的城市无法比拟的。③从社会关系的和谐来看，城市的快节

奏、高竞争、多程序以及防骗的需求强烈，容易导致人际关系紧张、冷漠、死板，乡村的这些弊病显然程度轻得多。④有不少领域城乡各有所长：食品方面，城市有丰富的品种，乡村有天然新鲜的特色；文化娱乐方面，城市有多种选择、高档大型，乡村质朴清新、参与度高。

上述对比说明，只要乡村的社会主义四大文明建设大有成效，城乡之间的富裕差距就将消除，乡村不会因为没有工业化的高度发展而比城市差。村民们生活在清新的自然风光中，享受着与城市同等级别的现代文明。农民能够在农闲时间来到大城市游览人文历史景观，进行购物、餐饮等高档次的消费活动，享受现代物质文明的成果；受乡村优良生态环境吸引的城市居民能够在节假日期间来乡村度假、休闲、怀旧、养生，乡村的综合生态资源转化为特殊商品。

在整个社会迈向生态文明形态的进程中，乡村将充分获得经历过工业文明的城市所取得的一切成果，同时城市也将充分获得在迈向生态文明形态中的乡村对社会的一切贡献。届时，城乡之间的物流、人流、信息流将充分双向运行。城市节能、节材、卫生、保洁的工业品源源不断地输往乡村，乡村的无公害食品与新能源、新材料初级产品将源源不断地输往城市。乡村居民将不断来到城市，利用其高档的交通、教育、文化、医疗、商业设施，享受乡村难以提供的文明成果；城市居民将不断来到乡村，享受乡村贴近自然的人居环境与新鲜食品。

3. 基本建成生态文明形态的阶段

与共产主义社会的前景相联系，进入完全的生态文明。这个阶段不可能在一处、一国之内完成，而是与世界的可持续发展相联系。

要到达这一阶段，存在着一系列当前就面临并且时刻都要解决的世界性难题。

（1）生态文明形态中的农业是不受资本逻辑引导的产业。所谓资本逻辑，就是以价值增值为最高目标的原则。通俗地说，一切就是为了赚钱。在资本逻辑支配下的市场当事人，既有企业主、个体生产者，也有科技工作者。如海南喷过毒农药的西瓜对青岛市民造成药害，而海南的领导却在宣传“生态海南”，瓜农使用毒农药的原因是该药便宜。又如，为迎合城市居民的需求，种黄瓜使用激素，长出顶花带刺、形状笔直的黄瓜。有的药抹得太多，黄瓜长出瘤子，食用很危险，种植者自己不吃，专门卖给别人吃。售面粉的用增白剂来处理面粉，使白面馒头白而光鲜，增加对消费者的吸引力。为争夺看得见的市场，形成一个地下市场，当事人组成利益链、交易链：厂家生产异化的化学农资，科技人员开发此类科技产品，生产者用于生产不安全食品，共同为赚钱危害社会，还用伪劣的科普宣传欺骗社会。由此看来，资本逻辑十分强大，足以使现代化农业走入歧途。社会即使利用大量法律、科技、舆论手段，也难以消除这些危害。我们希望民族欠发达地区能远离资本逻辑引领的现代异化农业，屏蔽歪门邪道，斩断地下利益链、交易链，在生态农业发展上先声夺人，带来长远的经济、社会利益。

（2）生态文明形态中的农业是不受丛林法则的竞争机制引导的产业。工业文明追求高生产效率的原则用在农业上，就是持续的科技开发创造了工厂化的农产品生产方式。例如，现在用工厂化方式养鸡，1 平方米鸡舍养 11 只鸡，好多鸡长年连阳光都见不到。鸡从蛋壳里出来天天吃药，从鸡翅膀打抗生素进去，40 多天就能长 5 斤左右。快餐食品就是这样来的，是典型的垃圾食品。虽然生产效率远远高于自由放养，无论是产蛋还是长肉，但高效率养出的鸡，品质极差。家畜家禽是这样，蔬菜也是这样。例如，在温室大棚里种蔬菜，加温加湿，日夜光照，加上打生长刺激素，使之迅速生长。农产品都按这种方式生产，经济效益倒是提高了，但消费者的权益被忽略了。动物长得快，吃肉的人也长得快，导致儿童性早熟，寿命短，还有细胞变异，引发癌症。为什么要用这种反生态的工厂化的种养方式？就是为了使生产效率更高，为了与同行竞争，为了赚更多的钱，而消费者的健康与消费实惠则不在考虑当中。向生态文明过渡是不能容忍在农产品生产中有这样的竞争机制的。

（3）生态文明形态中应用的科学技术是尽量减少副作用的科学技术。科技是一把“双刃剑”，既有建设性的一面，也有破坏性的一面。人类将以生态科学的标准来做出正确选择，而不受掌控技术的资本集团的利益的误导。使用哪种科学技术，也不完全取决于该技术的成本，而是取决于其对生产的生态效益的作用。例如，放弃化学方式生产农药化肥，改用物理方式、生物方式杀虫。使用的科学技术要顾及生态平衡、物质循环、节约能源、应用再生能源。又如，在农业生产中用地膜提高了生产效率，但会造成白色污染，那么应当放弃。对于农药、化肥、地膜的生产厂家，这是不利的，但其放弃不应受到阻碍。

（4）生态文明形态中人们的生活习惯、生活方式将呈现符合生理卫生的健康、朴素、简约的状况，而与商业广告的追求和两极分化下的习俗大相径庭。商业广告鼓吹多余的消费，贫富分野使有钱人任性，奢侈消费，闲置的商品多、扔

的垃圾多。这种生活状况使资源与环境都难以承受。城市里靠捡垃圾为生的行业对这种物资浪费有一点抵消作用，但生态文明应该是使这个行业萎缩而不是扩大。因此，一要消除垃圾的源头，二要有正规的再生资源产业来取代。

所有这些变化都内在地联系着一个根源的消除，就是社会成员不是仅为物质利益而活，发展的动力不是仅靠赚钱来推动。发展上述生态型生产是进入生态文明形态的难点，从某种意义上说，少数民族欠发达地区迈向生态文明的跨越发展并不比发达地区更难。我们现在可以靠法律减少反生态文明的副作用，靠道德来发扬生态文明的风尚，靠创新的生态市场经济来塑造实施生态文明的机制，但最终走向生态文明形态，必然展现出共产主义社会的前景。

第四章　少数民族地区文明形态跨越的基本思路与发展措施

一、少数民族地区生态文明的制度建设

少数民族欠发达地区在探索文明形态跨越发展新道路的时候，必须关注现实生活中的文明类型推进问题。当前，要努力开展社会主义生态文明建设，这是迈向生态文明形态必要的现实工作。生态建设方面的顺利开展要有制度保证。这里说的制度建设，是指狭义的制度，即上层建筑领域中的制度。中国的基本政治制度是少数民族地区文明形态跨越最根本的政治前提，在此不做具体论述，而是结合民族欠发达地区特定的需要，针对生态文明建设，从制度完善的角度来阐述。

1. 文明形态跨越发展需要构建生态市场经济体制

我国在社会主义工业化建设的道路上，对生态文明的认识是不断提高的，从最初提出生态经济协调发展的观念，到明确提出走可持续发展道路，继而将生态文明建设作为社会主义“四位一体”的文明建设的组成部分，当中提出了走信息化、生态化的新型工业化道路，建设资源节约型、环境友好型的“两型社会”，发展循环经济、低碳经济等一系列的战略举措。我国正处于努力摆脱只顾物质文明建设而忽略生态文明建设这一窠臼的过程中，对绿色经济发展起到积极作用的法律法规、政策、计划、项目不断出台。但是，社会仍然保留着生态与经济相脱离、人与自然不和谐的基本特征，许多生态型措施难以落到实处。这其中有一个明显的“短板”，就是在体制层面上仍然是建设工业文明的市场经济体制。刘思华教授对此提出，要在生态关怀和人文关怀的生态可持续性基础上，构

建全新的生态内在的现代市场经济体制，即中国特色的社会主义生态市场经济体制。[①] 这个体制将产生强大的经济机制，抑制、消除工业文明对经济发展的生态基础的根本性破坏。各少数民族欠发达地区可趁本地市场经济体制尚未成熟之机，及早将单纯追求经济利益最大化、不惜牺牲社会利益与生态利益的机制扭转过来。在经济发展的道路上，应探索生态集约型的可持续经济发展模式。这一模式以三个支柱作为支撑：一是自然资源作为经济财富的选项，如树立“青山绿水也是金山银水，而且是更持久的金山银水”的理念。二是环境保护作为社会生产不可忽略的成本，正视这一经济发展中的代价，而要减少这项成本，只能充分利用生态环境科学技术，而不能逃避生态环境保护的责任。三是生态化是产业发展追求的方向，产业发展的重要成就体现在能够充分利用生态资源、不损害生态环境，应按照这样的标准大力发展生态型产业（生态农业、生态工业、生态服务业等），走可持续发展的道路。

2. 要有经济发展与生态环境保护相结合的整体规划

民族欠发达地区要实现文明形态跨越的发展，首先必须因地制宜，根据自身的情况和生态地理环境发展经济，使人们的经济水平得到切实提高的同时，仍然保持良好的生态环境，避免走先污染后治理的工业化文明道路。这就需要根据自然历史资源、经济、科技、人文基础，科学规划和引导产业发展，做到产业合理布局、结构不断优化，使经济、社会、生态相互和谐发展。为此，要建立健全环境监测体系，提高环境风险预测、预防和治理能力。西方发达国家如英、德、美等国在实现工业化、现代化的过程中，为减轻生态环境的恶化、加大生态环境保护，有一系列生态措施，值得认真借鉴。但是，国情区情不一样，深入了解本地实际，以充分的科学知识创造性地制定自己的规划才是根本。

3. 开展生态文明的文化培育，加大生态环境保护教育的力度

现代生态文化抛弃了人类在宇宙中占据中心位置的思想，从人统治自然的文化过渡到人与自然和谐相处的文化，是由追求人的一生幸福转向追求人类世代幸福的文化。生态文化的重要特点在于用科学、系统的观点观察分析经济社会发展，处理人与自然的关系。运用科学的态度认识人类文明进步，树立科学的节约资源、保护生态环境、人与自然和谐进化的理念。

① 刘思华：《生态文明与绿色低碳经济发展总论》，中国时政经济出版社 2011 年版。

这就要求少数民族欠发达地区加大教育力度，使人们在今后的认识和实践中，形成经济、社会、科学、人文、自然相结合、相协调的价值观和发展观，使人们自觉认识节能和保护生态环境的重要性。生态文明观念在当代科学发展下逐步成为主导观念，同时有历史渊源、民族传统。广西壮族布洛陀文化就包含着人与自然和谐共生的理念，认为人类生存与动植物关系密切，要善待周围的树木与弱小动物。我们要从文化遗产中自觉汲取中国古代和当今世界“天人合一”、“尊重自然、尊重生命、尊重当代人和世代人的平等权利”、“节约资源、保护生态环境”的思想，营造良好的节约资源与保护生态环境的文化氛围。

4. 生态文明建设需要创新社会治理模式，完善法律法规体系

生态文明是生态意识、生态制度与生态手段的统一。[①] 生态文明建设一定是建立在有效的社会治理基础上的，制度的实施将依靠法律规范、行政管理、社会约束三方面共同努力。生态文明建设要有法可依、有规可循、有人能管。在政府行政管理体系中，应既有统一又有专责，展开分工合作。当前体系中，对生态环境的保护，林业系统负责自然保护区建设，水利系统负责水土流失的治理，环保系统针对的是环境污染和治理，国土系统掌管着矿产资源的开发和由此产生的环境问题。至于产业生态化，就更是各个经济职能部门的事情。这样政出多门，生态文明建设难以形成合力。实际上，生态文明建设是全局性的事情，理应由政府主要领导全面负责，定期举行有准备、有检查、有汇报、有讨论、有布置的生态文明建设办公会议，将其形成制度，在统一决策、管理之下让上述各个部门专职负责。

在少数民族欠发达地区，千百年来在很大程度上以其民族信仰和乡规民约保护着当地的生态环境。但随着经济开发规模加大，人口流动加剧，仅靠民族意识和乡规民约已无法满足环境保护的需要，因此，需要用完善的法律法规体系来保护生态环境，完善并利用好节能减排、保护生态环境等相应的法律法规体系。在科学制定节能减排、保护生态环境的法律、法规、政策过程中，应充分吸收少数民族欠发达地区的具体经验，创造严格实施相关法律法规的社会条件和经济条件，使能源资源的消耗和生态环境的损耗计入经济发展的成本。同时，政府要对社会治理模式有所创新，将节能减排、保护生态环境的绩效纳入人事考核任用指

① 杨文进：《和谐生态经济发展》，中国财政经济出版社 2011 年版。

标之中，并严格依法完善科学监测、行政管理、民主监督机制，为生态文明建设提供法律和行政管理制度保障。

二、少数民族地区文明形态跨越的基本思路

文明形态跨越是一个新的大课题，需要深入探寻可行的思路。对于民族欠发达地区的跨越发展，本书提出如下抛砖引玉的想法：

1. 吸收外界文明发展成果的思路

如同社会经济制度的跨越一样，文明形态的跨越需要充分吸收世界的与全国的文明发展成果，增强对外经济社会交往。具体有以下几方面：

（1）现有的经济基础与上层建筑中一切体现先进生产力、先进文化、先进政治力量的事物，都是当代社会主义文明的发展成果，是全国人民多年奋斗的结果，也是充分吸收世界文明发展的结果。少数民族地区文明形态跨越的必备资源主要包括：全国的社会主义市场经济体制与现有的工业经济物质技术基础、中国特色社会主义理论体系与社会主义价值观、中国所吸收与掌握的当代科学技术体系。少数民族地区利用这些资源，意味着因地制宜地引进、完善适合本地条件的市场经济体制，并借鉴国内外的发展经验，以制定符合当地区情的法律政策，按照本地科学发展的需要接受外部经济能量辐射，在加快推广先进地区科学文化与更新观念的基础上加强本地需要的创新发展。离开这些踏踏实实而又日新月异的发展实践，文明形态的跨越就是一句空话。

（2）覆盖这些努力的基本措施就是科学地发展开放型经济，只有开放型经济才能充分吸收外界的文明发展成果。少数民族地区的开放是对内对外全方位的开放，应通过打造外引内联升级版，推进本地经济的资源转换。所谓资源转换，就是输出本地有优势的经济资源，换取外界有优势的经济资源，或者利用本地的优势经济资源，吸引外界的优势经济资源，以增强本地用于发展的总体资源。①现在我们看到，少数民族地区利用本地的区位资源、自然资源、劳动力资源、人文社会资源，引来外界的资金和现代化的技术、管理，在发展物流经济、旅游经

① 高言弘：《民族发展经济学》，复旦大学出版社1990年版。

济、服务经济、出口加工产业与有地方特点的科技开发方面展开努力。为扩大这些努力的空间，少数民族地区充分利用国内区域、国际区域、次区域经济合作的机会，跻身于国际国内的产业分工与合作中，发展效应不断增强。在开放型经济中发展，不仅取得了直接的经济产值增长，更重要的是地方发展基础的夯实与内在能力的提升。

在广西壮族歌仙刘三姐的“故乡”，宜州市桑蚕茧丝绸产业经济综合发展，出现了“种桑养蚕—烤茧—缫丝—织绸”主产业链，带动了农业生产商品化、农业产业化、农工商一体化，有效承接了产业转移，推进了产业技术创新，加强了桑蚕资源综合利用，为民族地区吸收外界文明发展成果创造了值得借鉴的典范。

2. 综合发展的思路

文明形态的跨越涉及经济、政治、文化教育、生态等领域，要从物质资料再生产、生产关系再生产、人口—劳动力再生产、精神产品再生产、自然资源—生态环境再生产这五种再生产类型来综合推进少数民族地区的发展。

民族地区在经济领域的发展是文明形态跨越发展的中心，其含义是要在社会化商品生产中取得卓越的成就，走上脱贫致富之路。对此要搞好以下几个环节：①正确选择适合民族地区的产业和生产门类，以现代化市场观念来引领“靠山吃山”，发挥当地的资源优势，并结合传统生产习惯。②依托生产者的劳动技能与生产技术的提高，取得商品生产竞争力，将资源优势转化为生产优势。③培育民族地区的市场开拓能力，借助内外市场流通机构或先进的信息手段，将生产优势转化为市场优势。这三个环节搞成功了，民族地区将凭借自己推向广阔市场（或走向全国，或走向世界）的商品获得与发达地区比肩的经济地位。

民族地区在政治领域的发展是文明形态跨越发展的保障，其含义是将发达地区建立的社会主义民主与法制、社会治理、政府行政管理推广到民族地区，并与当地的实际相结合，在全国统一规范的基础上有所创新。要想成功地完成其推广—结合—创新的系列环节，要克服民族地区交通和信息不便、地方总体文化水平低下、行政财力薄弱等困难。

民族地区在文化教育领域的发展是文明形态跨越发展的精神支撑，其含义是要通过文化教育事业建设，将当代先进的文化观念与科学知识传输到这里，提高当地人民群众的科学文化素质，尽可能发展直接取得市场效益的文化教育产业。

展开来说：①文化教育事业建设要有基本的、有形的成绩，如建立了多少文化事业单位和学校，有多少从业人员与师资力量。②先进文化观念与科学知识传输是这一领域的核心内容，要有定性与定量的测度与考核，从中寻求具体的实施途径与方式。③提高当地人民群众的科学文化素质是基本目的，也要有测度、考核与改进措施。④直接取得市场效益的文化教育产业是该领域发展的重要体现。取得市场效益，就要有为外部世界所欢迎的文化产品，有增强旅游产业吸引力的文化内涵，有服务于生产的教育培训。

民族地区在生态领域的发展是文明形态跨越发展的自然基础，其含义是要通过生态建设，维护民族地区的生态环境平衡，保护基本资源（水、土、森林植被、生物物种），修复已经损坏的自然环境，增强地区经济社会发展的自然承载力，履行所属主体功能区的使命。要点有：①民族地区需要以高度的科学与智慧，有计划地开展生态建设，如造林、水土保持与水利工程、耕地保护与改良、自然保护区建设等。②发展环保产业与城乡污染治理工程，解决生产生活中排放的“三废”，在这方面要跟上发达地区的发展水平。③通过吸收外界经验与开展创新，推进本地的产业生态化，发展包括生产、生活等在内的全方位的循环活动方式和低碳方式。

3. *以人为本的思路*

少数民族地区从农业文明迈向生态文明，最重要的进步是人的全面发展，这不仅是地区发展的重要条件，也是文明形态跨越的内在实质。在“少数民族的发展”概念域中，人的发展比地区发展更重要。

当前世界发展的空间不平衡，各个国家与地区的经济社会达到的水平不均等、财富分配不均衡、发展条件不平等。其中，人的行为差距是体现不平衡的最明显现象，人的素质差距是影响不平衡的最重要原因。游览各国城市，发达国家与许多发展中国家甚至一部分低收入国家相比，多数地段的市容外观差别不大，人们的穿着、出行、街上的饮食也不明显地表现国家的发展差距。国内发达地区与欠发达地区之间也是这样。部分自然资源丰裕的国家或国内地区，人们手中的钱财也不少于发达的地方。但是，在承担最先进的工作环节（如新产品开发、总体策划、品牌营造、精细加工等）、掌握高端资源（科技、管理、知识资产）、具备创新开拓能力、形成最有效率的团队这些方面，不同地方之间人的差距就体现出来或发生作用了。

少数民族地区的经济发展，人的进步应当占据主要地位。改革开放一方面使中国从世界各国那里学到许多当代发展的经验和技能；另一方面使许多原来处于自然经济中的兄弟民族掌握了机器大生产的技术，学会在社会化市场上经营管理，学会开发研制走向遥远市场的有竞争力的商品，克服了历史遗留下来的背离现代化生活的行为习惯，缩小了与主体民族的差距。我们应当认识到，这种人的能力的提升，是地区发展中最可贵的进步，更是文明形态跨越中最关键的迈步。

生态文明建设离不开人的现代化。在各种发展要素中，人的素质从深层次影响着经济发展和文明进程，往往是最根本的。少数民族欠发达地区人的素质、技术知识、思想观念等的滞后是导致这些地区经济发展较为落后的根本的主观因素，而当地科技和教育水平普遍较低，制约了人的整体素质的提高。所以，提高人的整体素质，加大教育改革力度和投入，实现人的现代化是欠发达地区的关键之举。只有树立起勇于超越的时代意识，真正在教育改革和投入上想办法，才能促进少数民族欠发达地区的生态文明制度建设和实现文明形态的跨越发展。

科学发展的核心是“以人为本”，要求一切发展归根结底是为了人，不断满足人的多方面需求，最终体现为人的全面自由发展。在具体工作中，应做到发展为了人民，发展依靠人民，发展成果由人民共享。要发挥人民群众的首创精神，保障人民群众的各项合法权益，正确处理物质增长和人的发展之间的关系，转变“重物轻人”的观念。用科学发展观来指导少数民族地区的文明形态跨越，就能分清一个地区什么是实质上的进步，什么是表层上的进步。

从农业文明向生态文明跨越发展，人的进步更为重要，进步内容更加复杂。少数民族既要保持历史留下的体现农业文明的人与自然和谐的优秀行为传统，又要形成工业文明需要的努力上进、乐于开放、敢于竞争、善于经营盘算的行为系统，还要有反映生态文明的更科学、更先进的行为调节。以人的科学、文化（包括生态伦理）素质配合经济能力的进步，就是我们面临的重大社会课题。

生态文明的理想性在于，它要求人与物质的关系要来一个大转变，重建人与自然的和谐关系，这就要求人类自身去调节三个关系：人既是消费者又是生产者，既是自然的调控者又是自然的共同进化者，既是自然资源的利用者又是自然资源的维护者。[①] 也就是说，生态文明的创建，只有在具有生态保护意识的人的

---

① 李欣广：《人的全面发展与生态文明》，载《李欣广集》，线装书局 2013 年版。

努力下，才能维护建设好人与自然的生态和谐。根据社会学家威廉·奥格本的理论，在社会变迁中，各部分变迁的速度是不一致的，一般来说，总是“物质文化”先于“非物质文化”。而就非物质文化的变迁看，首先是制度发生变迁或变迁速度较快；其次是风俗、民德变迁；最后才是价值观念变迁。① 这个分析虽然有道理，但我们不能局限在这样的结论上。在少数民族欠发达地区，发展就应当同时推进“物质文化”与“非物质文化”中的制度变迁、风俗民德变迁、价值观念变迁，使之相互促进。

人的力量发挥既有个体能力的增强，又有集体能力的进步。许多少数民族历史上保持的较强的集体力量是以束缚个体能力发展为代价的，改革开放为个体能力发展创造了社会经济条件。当前的问题是，要继续保持较强的集体力量还是削弱集体力量，关系到是仅仅取得市场经济的发展还是朝着文明形态跨越而努力。广西巴马瑶族自治县燕洞乡龙田村的建设过程给我们很好的启发。龙田人在“农业学大寨”时期改造山河，为适应农业文明进行了艰苦的农田基本建设；在改革开放时期开创了“山外经济”与“山内经济”相结合的发展商品经济的路子，努力分享工业文明的成果；在生态文明建设领域发展沼气利用与保持85%以上的森林覆盖率。龙田地处贫穷偏远的石山村，依靠党支部的核心作用、党员的模范作用、龙田人的精神动力，铸造了很强的乡村集体力量。相比同等条件下涣散的村集体，他们在各项发展中更有获得成效的依托。②

4. 发挥特有优势的思路

产业是发展的基础，一个地区在不同的发展阶段有不同的产业支撑。少数民族地区文明形态跨越发展的基本内涵是绕过成熟的工业化阶段，而要实现这个使命，必须解决产业选择问题，主要是找准本地区发挥后发优势、培育动态比较优势和综合竞争优势的条件与途径。为此，本书尝试提出以下产业选择基准：①产业竞争力扬长避短、另辟捷径基准。凡是后发地区，都难以与发达地区所擅长的产业来争夺市场，应当在“人无我有、人短我长”的领域选准产业发展项目。许多民族地区由于开发不充分而使生态自然资源得到了保护，依托这类资源来发

---

① 蒙景阳：《广西少数民族地区经济发展差距的社会学分析》，《福建省社会学2008年年会论文集》，2008年。

② 蒙小脉：《论“龙田模式”及其对社会主义新农村建设的启示》，载《科学发展在河池》，广西人民出版社2010年版。

展产业就可能有独特优势。②后发优势基准。所谓“后发优势”，就是落后本身带来的有利的赶超条件，落后地方的经济发展可以“抄近路”赶上来。后发优势由两类原因形成：一是直接从落后带来某种竞争优势，如劳动者工资水平低使劳动力资源廉价，经济开发程度低使土地资源廉价；二是处于落后地位而在发展中有某种优势，如赶超愿望强烈、学习效应显著、避免先进者的弯路、减少市场风险等。要使可能的后发优势变为现实的后发优势，赶超者必须善于利用它们。现时各地的城镇化有许多盲目性，欠发达地区如能先知后行，完全可以在城乡发展问题上少花许多代价。③培育动态比较优势基准。后进地区的静态比较优势是一种当前能够优化资源配置，但随之构成发展陷阱的综合条件，可以利用但不能依赖。从长远出发，要在利用静态比较优势的同时，注重培育动态比较优势。要扬长避短，更要取长补短，使本地的“长”或“短”发生变化。对于眼前尚无比较优势但有发展潜力的优势组群，要付出一定代价加以培育。无论是自然资源优势还是劳动力优势，都是只能暂时利用，而不能长久依赖的静态比较优势。

按照上述基准选择产业，就要努力寻求民族地区真正具有相关优势的方面。①通过充分的调查研究，依靠科学知识，正确认识民族地区的区情和资源状况。②积累产业现代化改造的经验。农业是南方民族地区迈向生态文明最有发展潜力的产业，农业生态化改造将带来极具市场竞争力的有机食品，人类科技发展将使农业提供工业原料的功能有增无减，社会生活水平的提高将使农业提供园林产品的市场不断扩大，“能源农业”的崛起是用“绿色”能源替代“黑色”能源的希望。循环农业、低碳农业的发展将大大改善人与自然的关系。③建立在现代化技术上的采掘、加工制造、运输、建筑是体现工业文明的典型产业，工业文明落后的民族地区当然要努力发展，但不是盲目赶超。要在降低经济、社会、生态代价的基础上争取后来居上，在规模上配合国家建设的需要。④民族地区有特色的社会人文资源是文化产业、旅游业发展的条件，应当在努力发掘、整理的基础上进行现代化提升与适应市场的应用。

广西壮族自治区发展生物质能源产业就是其优势选择的例子。该产业建立在甘蔗、木薯生产的基础上，可用甘蔗、木薯淀粉这类非粮食作物来生产乙醇酒精，而这两类农产品的生产可谓优势天成。如此，这一选项将一头撑起新能源产业，另一头用前景广阔的农业商品化生产项目带动农村经济。

云南楚雄彝族自治州牟定县蟠猫区是一个老少边山的贫困地区，地势从海拔

1675 米的古岩河下游到海拔 2485 米的白马山，气温相差大，既有亚热带气候，又有寒带气候，适宜种人参、杜仲、吴茱萸、天麻等各种中草药，可以建立药材商品基地，发展高附加值的药材生产，抵消交通不便给商品生产带来的劣势，而关键在人的技能。[①] 这样的地方是典型的当地出土地、人力，外界投资者出资金、技术、流通渠道的合作场所，其依靠自己的力量很难发展，但却有与外界合作开发的独特优势。

5. 新型生产力的思路

信息技术革命、知识经济是发达国家在进入后工业社会之后推出的生产力发展成果，借助经济全球化趋势而迅速扩展到全世界。现在，先发与后发国家、地区的主要差别是创造这类成果的差别，而不是应用这类成果的差别。但是，它们是一切地区迈向生态文明的生产力基础。对于后发地区，善于运用相关科技成果才能跟上世界经济技术发展的步伐。对于局部地区从农业文明迈向生态文明来说，更是文明形态跨越的关键对策。

少数民族地区即使在开展扶贫、解决温饱问题之时，也不要忘记运用信息技术革命成果、培育知识经济因素。对此要做的是：①在国家的帮助下尽快建立信息社会的基础设施，即互联网体系，让电脑与光纤宽带走进千家万户，包括政府机构、企事业单位、社区与家庭，并调动地方财力与人才资源完善其服务器系统。前几年政府为扩大内需向农民以优惠价推销了电视机，第二步就要考虑以优惠价推销电脑与网络。还可考虑在民族地区实施超常过渡措施，建立低费用的非游戏网吧作为信息化服务机构，并提供免费的电脑网络培训。②在加大民族地区义务教育与培训教育发展力度的过程中，应注重融入信息技术革命与知识经济的元素，如义务教育中逐步扩展对中小学生电脑知识的教育，在对农业劳动者与务工人员的培训中，主要内容是专业性技能，但也加入相关领域科技发展状况与未来远景的介绍，使科学技能与理念同时传输。我们的目标是要像一些发达国家的人一样，虽处远乡僻壤，但绝不落后于时代。③在经济社会管理与生产服务事项中，培育最大限度地利用新科技、新知识的习惯，注重系统思维，追求最佳效率，培养创新能力，塑造理性人格。要做到这一点，必须在工作策划、干部提升、业绩考核、项目实施、结果验收等方面予以重视。新型生产力要有“软”、

① 林珏：《发展经济学案例集》，中国社会科学出版社 2005 年版。

“硬”两种内容，“硬”的内容由看得见的科技来体现，“软”的内容则是无形的精神习惯。

作为新型生产力的信息技术带来了交往、眼界与知识共享，带来了先进便捷的联络手段，但也带来了有害的信息消费、诱惑与沉溺等负面效果。因此，经济、社会、科技各界人士要联手应对，对信息技术的应用采取各种扬正抑负的措施。

6. 转变经济发展方式的思路

为实现文明形态跨越的长远目标，当前主要的努力是转变经济发展方式。转变经济发展方式的一般要求可概括为：①从生产的数量增长转变为质量提升；②从要素（资本、劳动）投入为主转变为智力（科技、管理）投入为主；③从技术依赖转变为自主创新；④从生态消耗型转变为生态保护型（资源节约、环境友好）；⑤从注重产值增长转变为注重全面发展效果。产业转型是转变经济发展方式的集中表现，从广阔的视野来看，国民经济的变化将呈现以下动态特征：高新技术的广泛应用，产业竞争愈益激烈且技术竞争在其中起关键作用，各行各业都越来越依靠增加技术—知识含量来提高效率，相比自然资源、劳动力、资金来说，技术—知识要素所占的地位将逐步提高，比重将逐步增大。总有一天，所有的产业都会成为技术—知识密集型产业。少数民族地区转变经济发展方式，满足上述要求有其自身特点。例如，对生产的“质量”内涵要融入地方特色，努力在产品品质中体现少数民族地方特色；不要过早地放弃对外部技术的依赖，首先要强调的是增强适用技术引进或应用的力度；对全面发展效果尤其注重其中的社会效果，以经济发展带动社会发展，核心是人的进步；等等。此外，少数民族地区可将发展对内对外开放型经济纳入转变经济发展方式的要求中，但不要靠“卖资源”来体现开放效果。

党和国家提出的生态文明建设①，在少数民族地区转变经济发展方式中起到了很重要的引领作用。生态文明建设包含在产业、技术、制度、文化观念四个方面。少数民族地区在文化观念上的建设与发达地区各有优势，在制度建设上与发达地区可以有同等水平的进步，在技术发展上总体落后但局部领域可赶在前面，

① 这里说的生态文明概念，不是指与农业文明、工业文明相并列的文明形态的概念，而是指与物质文明、精神文明、政治文明相并列的建设领域的概念。

在产业发展上就要扬长避短了。对此，要选择与生态保护不相矛盾的产业，努力提高其技术水平、集约程度、综合效益、产业化规模。这样，就能实现经济发展方式所要求的经济结构调整，实现经济发展可持续、有效益的状态。而选择与生态保护不相矛盾的产业进行发展，正是文明形态跨越的题中之义，即由当前的经济发展方式转变起步，面对建设生态文明形态的远大目标。

内蒙古自治区的风力发电就是体现生态文明建设的产业发展内容。自治区丰富的风能资源吸引着全国各大发电集团纷纷“追风草原”。一方面，这里的风能产业创造了新能源发展的辉煌业绩，风电已成为内蒙古电网第二大主力电源，成为中国的风能之都、北方重要的供电基地，并带动了大批中外风电设备制造企业进驻内蒙古；另一方面，这里率先遇到风力发电产业的各种技术困境、体制瓶颈、管理难题，为这一新能源发展提出了有待解决的前沿课题。

总的结论是：少数民族地区文明形态的跨越既是困难的，又是可行的。有了可贵的起步，等待我们总结；展现了漫长的前程，等待我们探索。

三、中国少数民族地区文明形态跨越的发展措施

自新中国成立以来，尤其是改革开放以来，少数民族地区已经积累了大量发展经验，我们需要的是以文明形态跨越为导向，对各种经验加以梳理、选择，或加以搁置、弘扬，并且立足当前、展望未来，创造新的经验。据此，本书立足于南方少数民族地区的自然、经济地理状况，提出如下发展对策，以求抛砖引玉。

1. *加大少数民族地区基础设施建设力度*

少数民族地区经济社会发展的重要障碍是交通、通信、电力供给落后。国家加大这一建设的投入，是补工业文明之课。由于高新技术对新能源和信息技术的推进，在这一补课过程中，又展现了生态文明的曙光。这一建设有利于缩小少数民族地区与发达地区的差距，为其发展创造外部条件。建设的财力要与生态补偿联系起来。从南方少数民族地区情况看，这里的开发程度不高，客观上为全国生态环境保留了许多绿地资源，成为江河源头、植被宝库、珍稀动物栖息地、气候调节器。国家承认少数民族地区为此所付出的机会成本，理应对这一贡献予以补偿。最有效的补偿方式就是加大基础设施建设投入。

“十三五”期间，中国将要加强重大基础设施建设。对少数民族地区有利的规划内容为：①基础设施建设重点向中西部倾斜，加强与“一带一路”沿线国家发展战略对接，稳步实施互联互通、能源资源合作等。②着力加强农业基础设施建设。加快推进水利工程建设，积极引导社会资本参与重大水利工程等建设运营，力争到2020年172项重大水利工程全面开工建设；着力推进高标准农田建设，力争到2020年建成高标准农田10亿亩；加快现代种业发展，力争到2020年建成区域性粮食良种繁育基地100个。③实现城乡宽带网络全覆盖；加强农产品、农资现代流通体系建设，健全农产品冷链物流网络，推动农产品线上营销与线下流通融合发展。④实施交通扶贫脱贫“双百工程”，即到2020年建设约百万公里农村公路和200余项交通扶贫骨干通道重大工程，着力改善贫困地区基础设施和基本公共服务，重点解决通路、通水、通电、通网问题。⑤电力发展严格控制煤电规划建设，积极发展水电，大力发展新能源，实施新一轮农网改造升级工程；加快新型小乡镇、中心村电网和农业生产供电设施改造升级。⑥继续加强农村水电路气信和农村教育、卫生、养老、文化、体育等基础设施建设，推动城乡基础设施互联互通、共建共享，促进城乡基本公共服务均等化。对上述建设，地方政府要大力配合中央政府的规划，认真落实，为文明形态跨越发展奠定物质基础。

2. 统筹城乡发展

欠发达地区往往急于在少数大中城市投资几个大项目，使产值与税收迅速增长。但从长远的角度看，最重要的是在统筹城乡发展上下功夫，营造城乡互动的发展机制。跨越文明形态发展是经济与社会的系统变化，离不开先进地区向后进地区的传导。城市是容易接受文明传导的地方，乡村则较为困难，尤其是许多南方少数民族地区。为此，一方面，要有传导的梯级系列，即大城市—中等城市—小城市—建制镇—镇或村镇—乡村；另一方面，要有逐级传导的畅通体制。小城镇是带动农村经济社会发展的基地。在地广人稀、山岭纵横的少数民族地区，要调整城镇行政区划，适当合并村庄，有的形成小集镇，以推进农村经济的分业分工。另外，公路、水运建设，对镇—村的发展都有直接带动作用。

在城乡发展过程中，为防止发展倒退，必须抓好环境综合治理。这里说的不是自然环境，而是社会环境。民族地区的扶贫开发事业，受到当前社会大环境的巨大干扰。例如：①以治安环境为例，云南一些地方种植罂粟卖给鸦片贩子，能

够最快地致富，对贫困村民的诱惑力很大。许多农户因男人种植罂粟在监狱中服刑，留下妇幼老人，生活更加艰难。②以政治环境为例，有的地方承担扶贫工作的政府机构人员因贪污腐败、挪用侵吞扶贫资金，使扶贫规划落空。③以经济环境为例，越是贫困的地方，劳务输出越成问题，因为地区反差太大，没有在乡创业或外出打工的选择，外出打工的青壮年常滞留外地。而他们外出时文化水平过低，工钱挣得少，连回家的路费都不够。如果在贫困乡村开辟本土生产门路，就能使人们在本地的生产中提高生产技能。这些环境综合治理工作正是城乡统筹发展的难点。

3. 不断提升开放型经济

对外开放，尤其是发展国际性区域合作与次区域合作，将使原来闭塞的民族地区转变为经济交往的通途。吉林、内蒙古、新疆、宁夏、西藏、云南、广西等少数民族边境地区，应分别建成功能各异的国际大通道。国际大通道在战略上改进了全国区域经济的发展布局，如云南面向印度洋的国际大通道、广西面向南海的国际大通道，都给相关省份开辟了地缘经济的区位优势，为沿线建立高新技术产业开发区、生物资源加工区、出口加工区提供了区位条件。当然，区位优势还不是外引内联的决定性因素。在战术层面上，这些少数民族地区的中心城镇纷纷成为内地通往邻国的枢纽和门户，商品、人员、车辆的集散地，物流与贸易的中心，带动着金融与服务的发展。这些地方本身不用刻意去发展大工业，但是为工业经济做出了重要贡献。应利用边贸流通、商贸会展来发展服务于开放的第三产业。另外，利用自身的人文资源，边疆民族省份可开展国际文化交流，但要恰到好处，不能过滥，如此既能以文化促外贸外经，又能以文化促旅游。

4. 对资源深度开发与利用

要跨越成熟的工业化阶段走向生态文明，就要转变依赖“黑色资源”即金属矿产与化石能源的格局，加强对生物资源的开发利用，有控制地开发利用矿产资源。

民族地区曾经有过一批矿产资源开发型大中城市，如云南的东川（依靠铜矿开采兴起）、个旧（依靠锡矿开采兴起），但从20世纪90年代起就陆续与全国的矿产资源型城市一样，由于资源枯竭而产业萎缩。资源型城市经济停滞衰落是普遍现象，东部地区的这类城市转向制造业，有着较好的资本、技术、人才输入与产业内部分工条件，而西部民族地区因其技术发展水平比中东部更落后，相关的要素输入与条件供给更不容易，向制造业转型更困难。民族地区资源型城市的经济转型，要与城市周边的乡村相匹配，例如，与周边发展生物资源型特色产业相匹配，发展该产业的农工商一体化产业经济。利用高新技术，发展生物资源型特色产业是其重要战略方向，如发展中药产业和林化工是值得斟酌的选择。

开发非化石能源是迈向生态文明的关键。西南民族地区要全面、深化开发水能资源，贯彻大中小水电站错位建设、量力而行、循序渐进的方针。依据本地自然条件，调动科技力量，开发太阳能、风能、地热能。南方民族地区最重要的是发展生物质能源产业，利用农产品制造酒精、乙醇等液体燃料，由此带动有规模的“能源农业”与“能源化工”的发展。随着它们的技术不断发展，生产成本逐步降低，一个替代化石能源的新能源产业群就有希望在民族地区出现。

提升科技和管理水平，建设民族地区的国家森林公园，应主要着眼于珍稀资源与生态环境的保护，同时善于从旅游、科考、保护性采集方面获取适当的经济收益，成为国家给予生态补偿的依据。

5. *以旅游发展带动多项产业*

旅游发展具有多方面的发展带动功能，能够与城镇化相结合，与服务产业（包括交通运输业）发展相结合，以及与文化产业发展相结合。

广西、云南都有用旅游带动少数民族地区发展的优越条件。可用较大比例的经济力量来建设城—镇—乡各级旅游基地，从建筑景观、自然风光、民族风情等方面体现特色。通过旅游业的发展使一批原来处于偏僻、封闭环境中的乡镇得到经济社会发展的契机，增大物质、能量、信息的交流量，提升其文明程度。

民族地区的旅游资源分为两大类：一是文化历史社会资源。要高度重视对其保护、发掘与培育，采取保护与开发兼顾、服务水平与自然野趣并重、培育产业与打造品牌共进的原则。注重抢救文化遗产和文物古迹，将民族地区深厚的历史、社会、人文资源合理开发出来。其中，一部分资源的价值将来在生态文明中还会增值。二是自然生态资源。一山一水、一草一木、一土一石、一鸟一兽，都是地方自然生态资源的元素。应在民族地区的生态脆弱带构筑生态屏障，将旅游业开发与生态屏障建设结合起来，使旅游业得到持续发展。

要使民族地区的旅游打响品牌，一定不能在景点开发、旅游经营上急功近利，不能图短时期内的收入激增，就千方百计地损害游客的旅游效益，造成不好

的名声。一方面，旅游产业经营要有和谐观念。只有使外来游客不仅对当地风光景色、民族风情留下美好印象，也对旅游经历、社会环境留下美好印象，才能让这一营利性的事业与生态文明的进展契合起来。另一方面，旅游资源开发要有生态观念。要避免出现这样的现象：外部的大量游客涌入自然生态环境保护较好的民族欠发达地区，后者的城乡基础设施无法支持，导致旅游资源被过度消费，自然生态环境被破坏。

6. 持续开展生态建设

少数民族地区的工业污染少于发达地区，但许多地方自然条件恶劣，对社会经济发展乃至人的生存都是极大的障碍，甚至连维持农业文明尚且不易。在这些地方开展生态建设，必须融合农业文明的、工业文明的、高科技的手段和方式，多管齐下。

就当前的实践来看，少数民族地区生态建设的手段有：①主要用工业文明手段，开展江河水利工程建设，发展节水灌溉工程与技术，并用农林措施对水域开展生态治理、保护。②主要用农业文明手段，治理水土流失，发展有机农业以保持土地肥力，发展农业循环经济。③主要用高科技手段，处理生产生活中排放的“三废”，逐步在城乡全面推开废弃物的资源化处理。此外，那些沼气应用、集雨工程建设、石漠化治理等生态建设，本身包含了农业文明、工业文明、生态文明的综合手段。在这些工作中，要尽量提高科技含量，使群众性的参与建立在科学知识的基础上。

生态建设的规划性很强，量力而行、循序渐进、避免反复、逐步升级，是生态建设规划的原则。全国的规划要统领省、自治区的规划，省、自治区的规划要统领市、县的规划。另外，要做好长期与短期规划的分工。短期规划要针对迫切的生态环境问题，根据实际情况变化而调整；长期规划要根据科学眼光与知识、科技的进步而调整。

通过搞好环境卫生提高社会文明程度，这在发达地区已经在工业文明背景下基本完成，而在少数民族欠发达地区则成为生态文明建设的重要事项。这一事项以整治乡镇环境“脏、乱、差”为任务，有计划、有步骤地逐步完成或解决以下事情：①建立有效处理生活垃圾与生活污水的制度性措施。②全面改造乡镇厕所，将冲水式卫生厕所的使用率逐步提高到百分之百。③通过城乡一体化建设，解决农村饮水安全保障问题，普及达到卫生标准的自来水供应。④消除畜禽养殖污染，将这一事项与发展沼气和有机肥生产结合起来。⑤改变农村完全以燃烧柴草作为生活用能的习惯，逐步提高沼气、煤、天然气与生活用电的比例，将燃烧柴草的比例最大限度地降低。上述任务的完成，对于欠发达地区来说，涉及社区建设、生活习惯的改进、人的素质提升等各方面的社会进步，要开展综合努力。

第五章　广西民族欠发达地区生态文明跨越建设道路

生态文明跨越发展道路只能通过实践去研究和检验，理论研究永远无法给出完整的模型，亟须国家在广西属于农业文明的民族欠发达地区进行“绿色特区”建设试点。广西民族欠发达地区生态文明建设，是以文明形态跨越发展为目标的建设，在本章中我们将其简称为“生态文明跨越建设”或“跨越建设”，它本质上是一个实践经济学课题。虽然理论上可以在文献研究与个案分析基础上提出实施方案，但是，必须通过跨越建设方案的实施才能不断发现问题、解决问题、调整方案，最终找出从农业文明跨越工业文明直接迈向生态文明的整体解决方案，这就是“绿色特区”建设试点的目的。

一、广西民族欠发达地区生态文明跨越建设的基本模型

1. “三元”驱动模型

依据以上实践与理论分析，借鉴线性规划的原理，广西民族欠发达地区生态文明建设的最佳道路借助——国家和发达地区支持的跨越建设道路的基本模型如下：

（1）目标函数：以广西民族欠发达地区从农业文明跨越工业文明迈向生态文明为目标变量，建立影响其实现的各个变量的函数关系。

（2）约束条件：以“同时空、异形态”为实现以上目标函数的已知且必须遵守的前期条件。

1）同时间。广西民族欠发达地区与全国和发达地区处于同一时代。

2）同空间。广西民族欠发达地区与全国和发达地区处于同一国家、同一体

制，可充分发挥资源配置的社会主义计划性优势。

3）异形态。全国处于整体进入工业化后期、正在建设生态文明的阶段，而广西民族欠发达地区处于农业文明形态。

2. 模型解说

广西民族欠发达地区借助国家和发达地区支持的跨越建设的实现途径中，所谓“三元”可以解说为：

（1）第一元：内部因素（内因），即广西少数民族欠发达地区自身的努力。基本原则是以资源为基础、市场为导向、生态产业理论与方法为指导，由政府引导、社会参与，制定并严格实施生态文明跨越建设规划。由于跨越建设生态文明是超越广西民族欠发达地区生产力水平现状的战略行动，因此，生态文明跨越建设规划的制定与实施是重点，其关键环节包括：指导规划制定的先进生态文明理念；生态文明跨越建设规划制定；以生态文明观念转变、生态产业发展、体制机制保证为重点的实施措施。

（2）第二元：外部因素（外因），即国家和发达地区的支持。基本原则是以民族欠发达地区生态文明跨越建设规划为导向给予政策和财政支持，以地区之间利益共享为导向开展生态文明跨越建设区域合作。重点使用的支持手段包括两大类，即国家财政转移支付，民族欠发达地区与资源关联共享发达地区的生态补偿机制。

（3）第三元：内外部交流（社会交往），即广西民族欠发达地区与全国特别是发达地区的交往。社会交往是使广西民族欠发达地区与正在加速建设社会主义生态文明的发达地区实现生态文明观念同化、生态文明技术同步、生态文明资源同享的最直接和最有效的途径。重点工作集中体现在民族欠发达地区各个层面的各种项目的实施。

3. 生态文明跨越建设道路“三元”模型的特征

一是高效性。生态文明跨越建设道路是借助国家和发达地区支持的生态文明建设道路，是集中了生态文明跨越建设地区的内部力量与国家和发达地区的外部力量共同协力促进农业文明迈向生态文明的跨越，其结果具有跨越式建设的高效性，其过程必须提高一切资源的利用效率，物尽其用，地尽其利，人尽其才，各施其能，各得其所，物质、能量得到多层次分级利用，废弃物实现循环再生，各行业、各部门之间的共生关系高效协调。

二是持续性。生态文明跨越建设道路要坚持可持续性。以可持续发展思想为指导，兼顾不同时间、空间，合理配置资源，公平地满足现代与后代在发展和环境方面的需要，不因眼前的利益而用“掠夺”的方式促进暂时的繁荣，保证发展的全面、健康、持续、协调。

三是协调性。生态文明跨越建设道路要兼顾社会、经济和环境三者的整体效益，摒弃先污染后治理的传统工业道路，发展新型工业，重视经济发展与生态环境协调。

二、农业文明区域确定

我们综合有关农业文明、工业文明、生态文明判别的文献资料，最后结合中国国情确定：以地区第一产业产值占所在地区 GDP 的比重为标准，判断该地区是否处于农业文明阶段。基于广西区情，当某地第一产业产值占该地区 GDP 的比重超过 35% 时，则判定该地区处于农业文明阶段。

基于中国国情，为便于研究和未来工作实施，我们选择县域为生态文明跨越建设的基本单元。依据《广西统计年鉴》等相关资料，整理获得广西所有县域相关社会经济指标，计算出广西 91 个县域地区第一产业产值占 GDP 的比重，即得到表 5－1。

表 5－1 2013 年广西 91 个县域地区生产总值与第一产业产值占比分析

县域名称	地区生产总值（万元）	地区第一产业产值（万元）	比重
良庆区	1072016	195495	0.18
邕宁区	536864	221873	0.41
武鸣县	2416701	657280	0.27
隆安县	539952	218972	0.41
马山县	429029	147197	0.34
上林县	433883	177700	0.41
宾阳县	1501682	406284	0.27
横县	2409563	608449	0.25

续表

县域名称	地区生产总值（万元）	地区第一产业产值（万元）	比重
柳江县	1677697	357735	0. 21
柳城县	961783	343801	0. 36
鹿寨县	1096286	279504	0. 25
融安县	517970	153225	0. 30
融水苗族自治县	617876	156615	0. 25
三江侗族自治县	348194	146714	0. 42
临桂区	1970269	351186	0. 18
阳朔县	843940	198860	0. 24
灵川县	1199187	304975	0. 25
全州县	1383573	412300	0. 30
兴安县	1356609	283716	0. 21
永福县	944170	209936	0. 22
灌阳县	598055	154854	0. 26
龙胜各族自治县	470546	93342	0. 20
资源县	414073	89651	0. 22
平乐县	879664	329809	0. 37
荔浦县	1141295	256917	0. 23
恭城瑶族自治县	669813	209947	0. 31
苍梧县	1786822	225949	0. 13
藤县	1755194	425869	0. 24
蒙山县	555609	104630	0. 19
岑溪市	2034859	309076	0. 15
合浦县	1678696	704828	0. 42
防城区	990753	235216	0. 24
上思县	655021	203321	0. 31
东兴市	728683	125764	0. 17
钦南区	1693560	521888	0. 31
钦北区	1409147	498888	0. 35
灵山县	1530747	540100	0. 35
浦北县	1298049	336230	0. 26
港北区	1477366	177449	0. 12

续表

县域名称	地区生产总值（万元）	地区第一产业产值（万元）	比重
港南区	663575	192507	0.29
覃塘区	853570	226799	0.27
平南县	1707910	473159	0.28
桂平市	2477795	537635	0.22
玉州区	2642430	151888	0.06
福绵区	548183	198043	0.36
容县	1324335	311533	0.24
陆川县	1831730	302172	0.16
博白县	1908496	727560	0.38
兴业县	1086682	350124	0.32
北流市	2323588	396943	0.17
右江区	1730793	221421	0.13
田阳县	763349	211723	0.28
田东县	1135444	231827	0.20
平果县	1207113	132170	0.11
德保县	572526	92701	0.16
靖西县	1108114	137889	0.12
那坡县	162800	62980	0.39
凌云县	214904	64395	0.30
乐业县	158529	55305	0.35
田林县	281260	113339	0.40
西林县	166304	75230	0.45
隆林各族自治县	422940	91574	0.22
八步区	1339345	267970	0.20
平桂管理区	907235	174735	0.19
昭平县	539182	171666	0.32
钟山县	685780	141421	0.21
富川瑶族自治县	560161	170040	0.30
金城江区	915438	106834	0.12
南丹县	770418	106611	0.14
天峨县	324167	64992	0.20

续表

县域名称	地区生产总值（万元）	地区第一产业产值（万元）	比重
凤山县	171536	51388	0.30
东兰县	193819	61736	0.32
罗成仫佬族自治县	364868	140321	0.38
环江毛南族自治县	358588	157944	0.44
巴马瑶族自治县	257003	89755	0.35
都安瑶族自治县	334513	123211	0.37
大化瑶族自治县	346213	80047	0.23
宜州市	942753	354917	0.38
兴宾区	2431556	543788	0.22
忻城县	494570	176201	0.36
象州县	825654	271373	0.33
武宣县	872932	240785	0.28
金秀瑶族自治县	232482	76106	0.33
合山市	337700	36218	0.11
江州区	1165677	247467	0.21
扶绥县	1101078	389509	0.35
宁明县	860285	279509	0.32
龙州县	705646	205279	0.29
大新县	906968	199202	0.22
天等县	433115	127069	0.29
凭祥市	403998	46365	0.11

依照判别标准，对表5-1进行筛选，可知广西2013年91个县域地区中有22个县域地区第一产业产值占该地区地区生产总值的比重超过35%，因此认为它们仍然处于农业文明阶段，占广西整体县域总数的24%。具体如表5-2所示。

表5-2　2013年广西处于农业文明的县域名单

县域名称	地区生产总值（万元）	地区第一产业（万元）	比重
邕宁区	536864	221873	0.41
隆安县	539952	218972	0.41

续表

县域名称	地区生产总值（万元）	地区第一产业产值（万元）	比重
上林县	433883	177700	0.41
柳城县	961783	343801	0.36
三江侗族自治县	348194	146714	0.42
平乐县	879664	329809	0.37
合浦县	1678696	704828	0.42
钦北区	1409147	498888	0.35
灵山县	1530747	540100	0.35
福绵区	548183	198043	0.36
博白县	1908496	727560	0.38
那坡县	162800	62980	0.39
乐业县	158529	55305	0.35
田林县	281260	113339	0.40
西林县	166304	75230	0.45
罗成仫佬族自治县	364868	140321	0.38
环江毛南族自治县	358588	157944	0.44
巴马瑶族自治县	257003	89755	0.35
都安瑶族自治县	334513	123211	0.37
宜州市	942753	354917	0.38
忻城县	494570	176201	0.36
扶绥县	1101078	389509	0.35

三、主体功能区在跨越式发展中的作用

1. 广西主体功能区划分的依据

国土空间是人类赖以生存与发展的宝贵资源。科学开发国土空间，推进形成主体功能区，是深入贯彻落实科学发展观的重大举措，是实现生态文明跨越建设的重要途径。

根据《全国主体功能区规划》和《广西壮族自治区主体功能区规划》，广西作为少数民族地区，在全国范围内主要属于限制开发区域和禁止开发区域，这两种区域的首要功能是进行生态产品和农产品的生产，提高资源环境承载力以及保障国家农产品安全等，由此需要限制进行大规模的高强度的工业化和城镇化开发。因此，广西主体功能区的划分应以全国主体功能区规划为依据，立足于限制开发区域和禁止开发区域，深刻分析国土空间开发的现状和形势，阐明未来空间开发的指导思想、基本原则和战略目标，勾画全区人口、产业和经济空间布局，明确各区域的功能定位，提出分类管理的区域政策，促进形成合理有序的空间开发格局，为实现2020年生态文明跨越建设阶段性目标打下坚实的内部基础。

2. 广西主体功能区划分的总体思路

以生态文明跨越建设为最终目标的主体功能区划分要以全国主体功能区规划为基本依据，同时还要充分考虑生态文明跨越建设的内涵，在限制开发和禁止开发的基础上，划分出进行生态产业开发的区域，旨在引领更有效的生态文明跨越建设。

广西少数民族地区主体功能区的划分，以土地资源、水资源、环境容量、生态重要性、生态脆弱性、自然灾害危险性、人口集聚度、经济发展水平、交通优势度和战略选择等综合评价为依据，根据不同区域的资源环境承载能力、现有开发强度和发展潜力，确定其功能定位和不同类型的主体功能区。主要划分为四类主体功能区：

第一，重点开发区域，是指有一定经济基础，资源环境承载能力较强，发展潜力较大，集聚人口和经济条件较好，应当重点进行较大规模生态产业开发的城市化地区。

第二，重点生态功能区，是指生态系统脆弱，生态维度重要，资源环境承载能力低，不具备大规模、高强度开发的条件，需把增强生态产品生产能力作为首要任务，限制进行大规模、高强度开发的地区。

第三，农产品主产区，是指耕地面积较多，发展农业条件较好，尽管较为适宜开发，但从保障国家农产品安全以及中华民族永续发展的需要出发，需把农业综合生产能力作为发展的首要任务，限制进行大规模、高强度开发的地区。

第四，禁止开发区域，是指依法设立的各类自然文化资源保护区域以及其他需要特殊保护、禁止进行任何开发、点状分布于重点开发区域和限制开发区域之中的重点生态功能区。

（1）重点开发区域。该区域是广西重要的人口和经济密集区、提升经济综合实力和产业竞争力的核心区、引领科技创新和推动发展方式转变的示范区、支撑广西经济发展的重要增长极。

该区域应在优化结构、提高效益、降低消耗、节约资源和保护生态的基础上实现跨越式发展，加快转变经济发展方式，调整优化经济结构，壮大经济总量；培育发展战略性新兴产业，加快发展现代服务业，大力发展现代农业，提高科技进步和创新能力，形成分工协作的现代产业体系；推进城镇化进程，改善人居环境，提高人口集聚能力。

具体措施包括：①统筹规划国土空间；②完善提升城镇功能；③形成现代产业体系，运用高新技术改造传统产业，大力发展战略性新兴产业；④促进人口加快集聚；⑤提高发展质量，优化产业布局，提高土地产出水平；⑥完善基础设施。

（2）重点生态功能区。该区域是广西少数民族地区提供生态产品和保护环境的重要区域、保障全区生态安全的重要屏障、人与自然和谐相处的示范区。

具体措施包括：①维护生态系统完整性；②严格控制开发强度，在一些重要生态功能区、生态环境敏感区和脆弱区，划定生态“红线”；③实行更加严格的产业准入环境标准；④开发矿产资源，发展适宜产业和建设基础设施；⑤因地制宜发展旅游业和特色农业。

（3）农产品主产区。该区域是广西少数民族地区重要的商品粮生产基地、保障农产品供给安全的重要区域、现代农业发展的示范区。

该区域以提供农产品为主体功能，以提供生态产品、服务产品和工业品为其他功能，不宜进行大规模、高强度的城镇化开发，重点是提高农业综合生产能力。严格保护耕地，增强粮食安全保障能力，加快转变农业发展方式，发展现代农业，增加农民收入，加强社会主义新农村建设，提高农业现代化水平和农民生活水平，确保粮食安全和农产品供给。按照集中布局、点状开发原则，引导农产品加工、流通、储运企业集聚。

具体措施包括：①加强土地整治，严格保护耕地，加快中低产田和坡耕地改造，提高耕地质量，建设高标准基本口粮田和旱涝保收高标准基本农田；②加强水利设施建设，因地制宜地建设小水窖、小水池、小塘坝、小水渠、小泵站等“五小水利”工程；③稳定发展粮食生产，把增强粮食安全保障能力作为重要任务；④优化农业布局，促进农产品向优势产区集中，建设特色农产品生产基地，提高农业生产经营专业化、标准化、规模化、集约化水平；⑤转变养殖业发展方式，发展健康养殖，提高规模化、标准化水平，增强畜牧产品和水产品供给能力；⑥推进农业科技创新，加大农业科技投入；⑦优化农产品加工业布局，重点发展粮油、果蔬、畜禽、奶制品、水产品、林特产品等农产品深加工，促进规模化、园区化发展；⑧控制农业资源开发强度，优化开发方式；⑨农村居民点以及农村基础设施和公共服务设施建设要统筹考虑人口迁移的因素，加强规划引导，适度集中，集约布局。

（4）禁止开发区域。该区域是广西少数民族地区保护自然文化资源的重要区域，珍稀动植物基因资源保护地，是区域生态环境的核心区域。

具体措施包括：①在不影响主体功能的前提下，对范围较大、核心区人口较多的自然保护区，可以保持适量的人口规模和适度的农牧业活动，并通过加大生活补助等途径稳步提高群众的生活水平；②严格保护风景名胜区内的景观资源和自然环境，不得破坏或随意改变；③根据资源状况和环境容量对旅游规模进行有效控制，避免对森林及其他野生动植物资源等造成损害；④科学划定重要水源地保护区，建设好城市备用水源；⑤加强生态功能区建设，开展植被恢复和水土流失治理，保护现有天然林，继续实施退耕还林。

四、生态文明建设的六个领域

广西少数民族地区生态文明跨越建设的“三元”驱动构件中，内部驱动是关键构件，也是引领另外“二元”的构件。主要任务是进行与生态文明跨越建设六大目标体系相关的重点项目布局并高效实施。

（一）广西少数民族地区生态文明跨越建设的目标

根据生态文明的内涵，依据国家环保部公布的《生态县、生态市、生态省建设指标》以及《广西壮族自治区“十三五”规划》等相关文件的精神，生态文明跨越建设包括以下六大目标：

1. 生态经济目标

主要是发挥地方生态环境优势，大力发展生态经济，推进产业生态化，争取使低碳经济、循环经济成为主要经济形态。稳定形成“三、二、一”的产业结构，使旅游等现代服务业、高新技术产业、生态型产业成为主导产业。突出发展特色农业、林业和牧业。通过科学技术进步、劳动者素质的提高、管理创新转变等手段，促进经济的增长。扶持旅游产业的发展和推进服务业的全面发展，加大当地生态文化资源的开发力度，促进经济的绿色增长。

反映生态经济发展状况的主要指标包括：人均 GDP、服务业增加值占 GDP 的比重、R&D 经费支出占 GDP 的比重、高新技术产业增加值增长率、单位 GDP 能耗以及主要农产品中有机、绿色及无公害产品种植面积的比重等。

2. 生态环境目标

主要表现为生态环境良好，始终保持青山绿水，空气清新，气候宜人。包括林草植被的保护与建设、退耕还林、水土流失的治理、地质灾害防范、生态移民、生物多样化的保护等。

反映生态环境发展状况的主要指标包括：森林覆盖率、人均公共绿地面积、受保护地区占国土面积的比重、空气良好以上天数达标率、饮用水源质量达标率、工业用水重复利用率、清洁能源使用率和二氧化硫排放总量等。

3. 生态民生目标

主要表现为居民收入稳步提高，居民受教育水平不断提高，工作稳定，社会保障有效。通过加强社会保障体系的建设，大力推广新型农村社会养老保险制度、社会救助和最低生活保障制度，提升当地居民的幸福指数。

反映生态民生发展状况的主要指标包括：城市居民人均可支配收入、农民人均纯收入、城镇登记失业率、社会保险覆盖率、新型农村合作医疗农民参合率、义务教育普及率和人均受教育年限等。

4. 生态支撑目标

主要表现为通过加强公共设施的建设，如基本路网的建设，改善公共交通状况，进行垃圾、污水无害化处理，加强水力、电力、通信设施的完善，保证居民出行方便快捷，公共服务质量良好，生活环境舒适。

反映生态支撑发展状况的主要指标包括：人均道路面积、城市生活垃圾无害化处理率、城市生活污水集中处理率和万人拥有公交车辆。

5. 生态文化目标

主要表现为加强地区居民的生态保护意识，加强公共文化设施建设，进行生态文明宣传以及对当地文物和非物质文化遗产予以有效保护，创造生态文化浓厚、社会风气良好、文化活动丰富多彩、公众生态伦理意识普及的生态文化，形成生态化的消费观念和生活方式。

反映生态文化发展状况的主要指标包括：文化产业增加值占 GDP 的比重、居民文化娱乐消费支出占消费总支出的比重和生态文明宣传教育普及率等。

6. 生态参与目标

主要表现为扩宽公众参与渠道，完善公众参与的保障机制，推进生态环境保护的科学性及民主性，为生态文明的推进奠定坚实的群众基础。实现市民政治参与程度明显提高，政府廉洁高效，党政责任体系完善，执行力明显加强。

反映生态参与发展状况的主要指标包括：行政服务效率和市民满意度等。

（二）广西少数民族地区生态文明跨越建设指标体系

反映广西少数民族地区生态文明跨越建设六大目标的指标体系如表 5 - 3 所示。

表 5 - 3　广西少数民族地区生态文明跨越建设指标体系

一级指标	二级指标	单位	指标类别
一、生态经济	1. 人均 GDP	元	正指标
	2. 服务业增加值占 GDP 的比重	%	正指标
	3. R&D 经费支出占 GDP 的比重	%	正指标
	4. 高新技术产业增加值增长率	%	正指标
	5. 单位 GDP 能耗	吨标准煤/万元	逆指标
	6. 主要农产品中有机、绿色及无公害产品种植面积的比重	%	正指标
二、生态环境	7. 森林覆盖率	%	正指标
	8. 人均公共绿地面积	平方米/人	正指标
	9. 受保护地区占国土面积的比重	%	正指标
	10. 空气良好以上天数达标率	%	正指标
	11. 饮用水源质量达标率	%	正指标
	12. 工业用水重复利用率	%	正指标
	13. 清洁能源使用率	%	正指标
	14. 二氧化硫排放总量	万吨	逆指标

续表

一级指标	二级指标	单位	指标类别
三、生态民生	15. 城市居民人均可支配收入	元	正指标
	16. 农民人均纯收入	元	正指标
	17. 城镇登记失业率	%	区间指标
	18. 社会保险覆盖率	%	正指标
	19. 新型农村合作医疗农民参合率	%	正指标
	20. 义务教育普及率	%	正指标
	21. 人均受教育年限	年/人	正指标
四、生态支撑	22. 人均道路面积	平方米/人	正指标
	23. 城市生活垃圾无害化处理率	%	正指标
	24. 城市生活污水集中处理率	%	正指标
	25. 万人拥有公交车辆	辆/万人	正指标
五、生态文化	26. 文化产业增加值占 GDP 的比重	%	正指标
	27. 居民文化娱乐消费支出占消费总支出的比重	%	正指标
	28. 生态文明宣传教育普及率	%	正指标
六、生态参与	29. 行政服务效率	%	正指标
	30. 市民满意度	%	正指标

注：指标体系中各指标的含义及计算方法详见本章附录。

五、“三元”驱动的措施

（一）广西少数民族地区生态文明跨越建设内部驱动措施

1. 生态经济驱动措施

（1）发展战略性新兴产业。大力扶持以高科技产业为代表的环境友好型产业，用绿色 GDP 逐步取代传统 GDP，在工业发展现代化的方向上用生态经济目标取代重工业经济目标，在生态文明建设的产业结构升级方面兼顾环境与经济两个方面。

（2）发展生态有机绿色农业。大力发展高产、优质、高效、生态、安全农业，促进农业生产经营专业化、标准化、规模化、集约化，提高农业综合生产能力、抗风险能力和市场竞争能力。

（3）发展生态旅游业。顺应旅游市场新变化，发挥旅游资源潜力，完善旅游基础设施体系，开发大众化、多层次旅游产品，提高旅游业整体发展水平，建设旅游强区。着力整合旅游资源，提升山水观光、滨海度假、红色旅游、边关风情、民俗民风、休闲健身、节庆活动、宗教文化、科考探险、生产体验等旅游产品档次。积极创建国家3A级及以上旅游景区，开发一批新兴精品旅游线路，发展乡村游、自助游、跨国游等新兴旅游方式。

2. 生态环境驱动措施

（1）加强生态建设。坚持保护优先和自然修复为主，加强重要生态功能区保护和管理，增强涵养水源、保持水土、防洪防潮能力，全面响应自治区“绿满八桂”造林绿化工程和生态修复工程的号召，大力推进山区生态林、防护林、自然保护区、湿地生态系统建设，巩固天然林保护、退耕还林等成果。采取恢复自然植被、封山育林育草、小流域水土保持等措施，全面推进石漠化综合治理。加强生物物种资源保护和安全管理，防止境外有害物种对生态系统的侵害，保护生物多样性。加强矿山生态环境整治和生态修复。促进森林增长，提高森林覆盖率，增加森林蓄积量和森林生态服务价值，增强固碳能力。加快建立生态补偿机制，积极探索市场化生态补偿机制。

（2）加强环境保护。坚持预防为主、综合整治，着力解决危害群众健康和影响可持续发展的突出环境问题。实施化学需氧量、二氧化硫、氨氮、氮氧化物排放总量控制，强化工业污染治理和治污设施监管。实行严格的饮用水源地保护制度，规划城镇集中式饮用水源保护区及备用水源地，加大西江流域重点江河和大中型水库水污染防治力度，加强地下水污染防治。

（3）发展循环经济。以提高资源产出效率为目标，加强规划指导、财税金融等政策支持，推进生产、流通、消费各环节循环发展，加快构建覆盖全社会的环境资源循环利用体系。开展产业园区能源资源循环化改造，实现土地集约利用、废物交换利用、能量梯级利用、废水循环利用和污染物集中处理。大力推广生态循环农业模式，发展生态循环型农业。开发应用源头减量、循环利用再制造、零排放和产业链接技术，推广循环经济典型模式，倡导文明、节约、绿色、低碳消费理念，逐步形成绿色生活方式和消费模式。

3. 生态民生驱动措施

（1）改善农村生活条件。加强新农村建设规划引导，统筹农村基础设施和公共服务设施建设，明显改善农村面貌。加大农田水利建设力度，实施田间灌排工程、抗旱水源工程，配套完善灌溉渠系及附属设施，加快干旱地区雨水集蓄利用工程建设，改善农村小微型水利设施条件，健全建设和管护机制。加强农村能源建设，实施新一轮农村电网升级改造工程，继续发展农村户用沼气，推进有条件的农村户用沼气向集中式供气转变。

（2）提高农民人均纯收入。完善强农惠农政策，提高农民职业技能和创收能力，拓宽农民增收渠道，努力增加非农收入。加快发展面向农村的职业教育，加强就业信息引导，大力发展劳务输出。建设农民创业基地和创业园，促进农民就地就近转移就业。加大农村基础设施建设投入，积极发展农村二、三产业，增加农民劳务收入。完善农业补贴制度，提高农村社会保障、农村扶贫、农村最低生活保障水平，加快发展政策性农业保险，增加农民转移性收入。积极创造条件，增加农民财产性收入。

（3）提高城镇就业率。实施更加积极的就业政策，促进经济增长与扩大就业良性互动，健全劳动者自主择业、市场调节就业和政府促进就业相结合的机制，创造平等就业机会，千方百计扩大就业规模。完善和落实税费减免、小额担保贷款、财政贴息、场地安排等扶持政策，鼓励自主创业、自谋职业，支持以创业创新带动充分就业。健全基层劳动就业公共服务平台和网络建设，建立完善统一、规范、开放的人力资源市场。健全面向全体劳动者的职业培训制度，对下岗失业人员、农民工、残疾人等开展免费职业技能和实用技术培训。

（4）提高社会保障体系覆盖率。扩大社会保障覆盖范围，重点解决非公有制经济从业人员、农民工、被征地农民、灵活就业人员和自由职业者参加社会保险问题。以城镇基本养老保险、基本医疗保险、失业保险、工伤保险、新型农村社会养老保险制度为重点，以商业保险保障为补充，形成广覆盖、保基本、多层次、可持续的社会保障体系，稳步提高保障水平。健全城乡最低生活保障制度，合理提高低保标准和补助水平，对符合条件的困难群体实行应保尽保。推进社会救助体系建设，提高农村五保供养水平，加强留守未成年人的保护，提高孤儿福利，加强对残疾人优抚安置服务设施建设，实现城乡社会救助全覆盖。

（5）提高教育发展水平。按照优先发展、育人为本、改革创新、促进公平、提高质量的要求，深化教育教学改革，推动教育事业科学发展，为到2020年基本实现教育现代化打下良好基础。促进义务教育均衡发展，重点向农村、边远、贫困、边境、民族地区以及薄弱学校倾斜，逐步建立城乡一体化义务教育发展机制，缩小城乡、区域、校际、群体教育发展差距。扩大高中阶段教育规模，基本普及高中阶段教育，发展优质普通高中教育，继续实施示范性普通高中建设工程。大力发展职业教育，推进国家民族地区职业教育综合改革试验区建设，新建一批地区性职业教育示范基地和综合实训基地，进一步提高中等职业教育基础能力，逐步实行中等职业教育免费制度。

4. 生态支撑驱动措施

（1）提高公共基础设施水平。按照以人为本、节地节能、生态环保、安全实用、突出特色、保护文化和自然遗产的要求，统筹公共设施建设。继续加强城镇污水和垃圾处理设施建设，已建成的污水处理设施确保正常运行。支持发展承载量大、快速便捷的城市公共交通网络。到2020年，力争城镇自来水普及率和燃气普及率均达到95%，污水集中处理率和垃圾无害化处理率分别达到95%和97%，人均道路面积为6.55平方米。加强景区沿途旅游村寨改造、沿江码头改建、游船更新、游乐园新建、游客中心扩建、停车场和厕所新建扩建等。在旅游景点引导发展“家庭旅馆”、“乡村旅馆”等大众化的住宿餐饮设施，提升旅游服务功能和服务水平。

（2）提高水利设施质量。坚持兴利除害结合、防灾减灾并重、治标治本兼顾、政府社会协同，加强水利设施建设，进一步提高水利保障能力。加强防汛抗旱预警预报信息化系统和基层防汛体系建设，提高防汛抗旱应急处置能力。加快城乡饮水安全工程建设，推进启文河水库、利周河等备用水源工程建设，加强备用水源建设和重点城镇水源储备。按照新建与改造相结合、集中与分散相结合、农户自我管理与市场机制运作相结合的方式，加大以人畜饮水为重点的农村安全用水工程建设。

（3）提高监测监督能力。监测监督能力主要包括以下体系的建设：生态农产品的质量安全监测体系、生态状态监测体系、地质灾害监测预警体系。具体来说，在增加农产品中有机、绿色及无公害产品种植面积的比重的同时，要加强无公害食品、绿色食品、有机食品等质量安全的监测及产地环境和农药、肥料、饲料的检测检验，组织实施农产品认证、农产品地理标志登记和获证产品的监督管

理。充分利用遥感、地理信息系统等技术，对生态地理环境进行实时检测，防止出现自然灾害。

5. 生态文化驱动措施

（1）促进文化产业发展。推动文化产业发展，增强文化产业整体实力和竞争力。实施文化产业项目带动战略，积极发展广电网络、文化创意、演艺娱乐、传统工艺美术、文物博物馆等文化产业，推动文化产业与旅游业、商贸业、高新技术产业融合发展。加强以东盟各国为重点的国际文化交流合作。

（2）促进生态文明教育传播平台逐步完善。提高广大人民群众的生态文明意识水平是生态文明跨越建设的重点之一。为此，应加大各种各样的生态文明教育、宣传和创建活动，学校也可以在教学中增加有关生态文明环境教育的内容，举办生态环境实践活动，全面提高学生的生态文明意识，并起到辐射作用。

6. 生态参与驱动措施

（1）提高公众参与意识。生态文明能否最终建设成功，主要还是要依托公众的参与。应通过加强对相关法律法规的宣传教育，使更多的公民了解到自己所拥有的权利与应尽的义务，强化公众的环境法律意识和责任意识，在自身环境权益受到损害时敢于用适当的法律手段维护自身的合法权益。鼓励广大人民群众参与到生态文明建设中，积极组织公众的生态文明交流活动，对为生态文明建设做出贡献的企业单位和个人进行表彰，发挥他们的带头作用，激发公众的参与热情。

（2）拓宽公众参与渠道。应该坚持执行环境影响评价制度，实行论证制度和听证制度，促进公众参与。为民间环保组织开辟道路，为其提供良好的发展环境，环保与民政部门要加强培训，引导并支持民间环保组织开展生态文明宣传、环境权益维护等公益活动。

（3）建立健全公众参与保障机制。政府部门应该建立包括激励机制、表达机制和监督机制在内的公众参与保障机制，并且确保其切实能发挥作用，提高公众的参与积极性。明确民间环保组织的法律地位，明确规定其组织性质、活动范围及方式，并赋予其独立的诉讼资格，提升民间环保组织的社会公信力，为公众参与提供组织保障。

（二）广西少数民族地区生态文明跨越建设外部支持措施

在生态文明跨越建设的“三元”驱动模型中，外部支持即国家和发达地区的支持是手段。基本原则是以民族欠发达地区生态文明跨越建设规划为导向给予政策和财政支持，以地区之间利益共享为导向开展生态文明跨越建设区域合作。重点使用的支持手段包括三类，即引入发达地区的优势产业、引入发达地区的转移资金和引入发达地区的高素质人才。

1. 引入发达地区的优势产业

引入经济社会发达地区优势产业和资金建立产业园区，在符合政策规划的前提下，着力把产业园区打造成为生态文明跨越建设的主阵地，完善园区生产性、生活性服务设施，加快园区污水、垃圾、固废等无害化、循环化、资源化集中处理设施建设，建立完善园区公共服务平台体系。引导主要产业、同类产业、配套产业集聚发展、集群发展、集约发展，实施大项目带小项目，上游项目带下游项目，增强园区项目带动力量。注重资源节约循环利用，坚决防止污染项目进入。

2. 引入发达地区的转移资金

改善投资环境，创新招商引资机制，制定优惠政策吸引发达地区资金的投入，扎实推进自治区“央企入桂、民企入桂”的方针政策，提高合同履约率、资金到位率和项目开工率。鼓励外来资金以参股、并购等方式参与当地企业兼并重组，促进外来资金股权投资和创业投资发展。

3. 引入发达地区的高素质人才

（1）搭建创业项目平台吸引高素质人才。自治区政府创造就业条件，引进全国优秀大学毕业生进入广西少数民族地区，并且给予相应的优惠扶持政策。搭建教育培训平台，与经济社会发达地区进行人才交流，学习其先进的管理理念与技术。

（2）通过科研项目吸引高素质人才。围绕提高科技创新能力，依托重点产业、重大项目、重要科研创新平台和优势企事业单位，加快发展人才小高地。重点支持青年科技人才承担重大科技项目，以及国际学术交流与合作项目，引进和用好海外高层次人才。大力引进经济社会发展各领域急需紧缺的专门人才。

（3）通过政策倾斜吸引高素质人才。重点向农村、边远、贫困、边境、民族地区以及薄弱学校倾斜，吸引优秀的基层教育人才和基层科技工作者，实行县

（市）域内城乡中小学教师编制和工资待遇同一标准，以及教师和校长交流制度，提高校长和教师的专业化水平，鼓励优秀人才终身从教，逐步建立城乡一体化义务教育发展机制，缩小城乡、区域、校际、群体教育发展差距，基本实现义务教育在县域内均衡发展。

（三）广西少数民族地区生态文明跨越建设内外部社会交往措施

内外部社会交往的目的，是通过广西少数民族地区与发达地区的全面交往、交流，实现与先进地区的生态文明观念同化、生态文明技术同步、生态文明资源同享。

1. 内外部观念同化

生态文明观念通过生态文化表现出来，生态文化建设是生态文明跨越建设的基础，我们应当对生态文化进行深入的挖掘、提炼，将其进一步弘扬，并汲取国内外科学的新观念。文化是经济发展的强力引擎，只有把文化强省建设与加快转变经济发展方式、加强和创新社会管理等有机结合，才能立足现实基础，满足人民群众的期待，建设真正意义上的文化强省。因此，应抓住中国—东盟自由贸易区升级版建设、实施新一轮西部大开发战略的重大机遇，将全方位、多层次、宽领域的对外开放与合作的文化深入广西少数民族地区各行各业。

2. 内外部技术同步

（1）通过发达地区技术转移实现技术同步。在广西少数民族地区推进一批自治区级重点实验室、工程技术研究中心、产业研发中心、企业技术中心、中试基地等创新平台建设，促进科技进步与产业升级紧密结合，加快科技创新成果向现实生产力转化，支持开展适应生态文明跨越发展需要的应用研究与基础研究。

（2）通过互联网技术实现技术同步。近年来，随着信息网络技术的飞速发展和互联网的应用普及，互联网平台经济作为一种创新型的商业模式正在迅速崛起。具有高度黏性的平台经济正日益改变着传统产业链和价值链的生态环境，已成为产业转型升级的新龙头和推动服务经济发展的新引擎。

3. 内外部资源同享

（1）充分开展区内外生态旅游合作。联合开拓客源市场，推介旅游产品和线路，推进无障碍旅游区的建设，推进全区旅游企业的联合发展，重点促进南北旅游企业的联合开发与经营。广西以桂林、北海、南宁为主要旅游线路，因其自然景观而著名。因此，应加强三大集散中心的联动，充分发挥这三大集散中心已具备的旅游龙头和辐射作用。与周边省区合作的模式是“互相宣传，互荐客源，形成多边无障碍旅游区”。一方面，通过各种方式与其他省区特别是云南、贵州、湖南、海南、江西等进行互相宣传、互相促销；另一方面，通过建立“互荐客源”的奖励机制，引导游客对旅游目的地互相选择，实现客源共享。

（2）充分开展国内多区域合作。响应自治区号召，推进与泛珠三角区域、大西南区域更紧密的合作，全面提升能源、产业、环保、旅游、劳务等合作水平，使自治区更加全面主动地接受先进生产力的辐射带动。改善投资环境，创新招商引资机制，完善区域合作机制，拓宽合作领域，提高合作层次，增强合作实效。

（3）充分发挥中国—东盟自由贸易区的区位优势。用好中国—东盟自由贸易区深入发展的重大机遇，全方位、多层次、宽领域扩大对外开放，参与国际国内多区域合作，以开放促发展、促改革、促创新，坚持服务国家周边外交战略，以重要领域项目合作和机制建设为重点，以促进贸易投资便利化为主要内容，在中国—东盟自贸区框架下拓展新的开放领域及合作空间。

附　录
广西少数民族地区生态文明跨越建设指标体系中各指标的含义与计算方法

1. 人均 GDP

（1）指标含义：指一定时期内（通常为一年）按平均常住人口计算的地区生产总值。

（2）计算公式：人均生产总值 = 地区生产总值 ÷ 年平均常住人口。

（3）资料来源：统计部门国民经济核算资料。

2. 服务业增加值占 GDP 的比重

（1）指标含义：指第三产业增加值（除第一、第二产业以外的其他各业）在全部地区生产总值中所占的比重。

（2）计算公式：服务业增加值占 GDP 的比重 = 服务业增加值 ÷ 地区生产总

值×100%。

（3）资料来源：统计部门国民经济核算资料。

3. R&D经费支出占GDP的比重

（1）指标含义：指一定时期（通常为一年）科学研究与试验发展（R&D）经费支出占同期地区生产总值（GDP）的比重。研究与试验发展（R&D）经费支出指报告年度调查单位科技活动经费内部支出中用于基础研究、应用研究和试验发展三类项目以及用于这三类项目的管理和服务支出的费用。

（2）计算公式：R&D经费支出占GDP的比重=R&D经费支出÷地区生产总值×100%。

（3）资料来源：统计部门科技统计资料。

4. 高新技术产业增加值增长率

（1）指标含义：高新技术产业增加值指高新技术产业在报告期内以货币表现的工业生产活动的最终成果。由于新技术是动态发展的科学技术，没有一个固定的衡量标准，指标值也就很难取得。目前统计上能够量化的是高技术产业，所以指标体系中该指标只能用“规模以上高技术产业增加值增长率”来代替。

（2）计算公式：高新技术产业增加值增长率=（报告期数值-基期数值）÷基期数值（均用可比价格计算）。

（3）资料来源：统计部门工业统计资料。

5. 单位GDP能耗

（1）指标含义：是指在一定时期内（通常为一年）每生产万元GDP消耗多少吨标准煤的能源。

（2）计算公式：单位GDP能耗=能源消费总量（吨标准煤）÷地区生产总值（万元）。

（3）资料来源：统计部门能源统计资料。

6. 主要农产品中有机、绿色及无公害产品种植面积的比重

（1）指标含义：指农产品中有机、绿色及无公害产品种植面积与农作物播种总面积的比例。有机、绿色及无公害产品种植面积不能重复统计。

（2）计算公式：主要农产品中有机、绿色及无公害产品种植面积的比重=有机、绿色及无公害产品种植面积÷农作物播种总面积。

（3）资料来源：农业、林业、环保、质检、统计部门。

7. 森林覆盖率

（1）指标含义：指森林面积占土地面积的比重。

（2）计算公式：具体计算按林业部门规定进行。

（3）资料来源：林业绿化部门。

8. 人均公共绿地面积

（1）指标含义：指市辖区常住人口每人拥有的公共绿地面积。

（2）计算公式：人均公共绿地面积 = 公共绿地面积 ÷ 市辖区常住人口。

（3）资料来源：林业绿化部门。

9. 受保护地区占国土面积的比例

（1）指标含义：指辖区内各类（级）自然保护区、风景名胜区、森林公园、地质公园、生态功能保护区、水源保护区、封山育林地等面积占全部陆地（湿地）面积的百分比，上述区域面积不得重复计算。

（2）计算公式：受保护地区占国土面积的比例 = 受保护地区面积 ÷ 全部陆地（湿地）面积。

（3）资料来源：统计、环保、建设、林业、国土资源、农业等部门。

10. 空气良好以上天数达标率

（1）指标含义：城市中心城区全年空气质量良好以上天数（即空气污染指数 API 小于或等于 100 的天数）占总天数比例的平均值。

（2）计算公式：空气良好以上天数达标率 = 空气质量良好以上天数 ÷ 总天数（360）。

（3）资料来源：环保部门统计资料。

11. 饮用水源质量达标率

（1）指标含义：指城镇从集中式饮用水水源地取得的水量中，其地表水水质达到《地表水环境质量标准 GB 3838—2002》Ⅲ类和地下水水质达到《地下水质量标准 GB/T 14848—1993》Ⅲ类的水量占取水总量的百分比。

（2）计算公式：饮用水源质量达标率 = 水质达标量（国标）÷ 取水总量。

（3）资料来源：环保部门统计资料。

12. 工业用水重复利用率

（1）指标含义：指工业重复用水量占工业用水量的比重。

（2）计算公式：工业用水重复利用率 = 工业用水重复利用量 ÷ 工业用水总

量×100%。

（3）资料来源：统计部门能源统计资料。

13. 清洁能源使用率

（1）指标含义：指城市地区清洁能源使用量与城市地区终端能源消费总量之比，能源使用量均按标煤计。注：城市清洁能源包括用作燃烧的天然气、焦炉煤气、其他煤气、炼厂干气、液化石油气等清洁燃气，电和低硫轻柴油等清洁燃油（不包括机动车用燃油）。

（2）计算公式：清洁能源使用率＝清洁能源使用量÷终端能源消费总量×100%。

（3）资料来源：统计部门能源统计资料。

14. 二氧化硫排放总量

（1）指标含义：指报告期内企业在燃料燃烧和生产工艺过程中排入大气的二氧化硫总量。

（2）计算公式：二氧化硫排放总量＝燃料燃烧过程中二氧化硫排放量＋生产工艺过程中二氧化硫排放量。

（3）资料来源：环保部门统计资料。

15. 城市居民人均可支配收入

（1）指标含义：指居民家庭可以用来自由支配的收入。它是家庭总收入扣除缴纳的所得税、个人缴纳的社会保障费以及调查户的记账补贴后的收入。

（2）计算公式：主要依据统计部门数据。

（3）资料来源：统计部门城市住户调查资料。

16. 农民人均纯收入

（1）指标含义：指农村居民按人平均计算的总收入扣除从事生产和非生产经营的费用支出、缴纳税款和上缴承包集体任务金额以后，归农民所有的收入。

（2）计算公式：主要依据统计部门数据。

（3）资料来源：统计部门农村住户调查资料。

17. 城镇登记失业率

（1）指标含义：指期末城镇登记失业人数占期末城镇从业人员总数与城镇登记失业人数之和的比重。城镇登记失业人员指非农业人口，在劳动年龄（16周岁至退休年龄）内，有劳动能力、无业而要求就业，并在当地就业服务机构进行求职登记的人员。但不包括：①正在就读的学生和等待就学的人员；②已经达到国家规定的退休年龄或虽未达到国家规定的退休年龄但已经办理了退休（含离休）、退职手续的人员；③其他不符合失业定义的人员。期末城镇从业人员指辖区内城镇劳动年龄人口中处于就业状态的人员总数。包括离开本单位仍保留劳动关系的职工，不包括聘用的离退休人员、港澳台及外籍人员和使用的农村劳动力。

（2）计算公式：城镇登记失业率 = 年末城镇登记失业人数/（年末城镇从业人员总数 + 年末城镇登记失业人数）×100%。

（3）资料来源：劳动和社会保障部门统计资料。

18. 社会保险覆盖率

（1）指标含义：是指报告期内养老保险、医疗保险、失业保险、工伤保险、生育保险已参保人数占应参保人数的比重。

（2）计算公式：社会保险覆盖率 = 城镇职工基本养老保险覆盖率 ×25% + 城镇职工基本医疗保险覆盖率 ×25% + 城镇失业保险覆盖率 ×20% + 工伤保险覆盖率 ×20% + 生育保险覆盖率 ×10%。

（3）资料来源：劳动和社会保障部门统计资料。

19. 新型农村合作医疗农民参合率

（1）指标含义：指参加新型农村合作医疗人数占农村总人口的比重。新型农村合作医疗制度指由政府组织、引导、支持，农民自愿参加，个人、集体和政府多方筹资，以大病统筹为主的农民互助共济制度。

（2）计算公式：主要依据卫生部门数据。

（3）资料来源：卫生部门统计资料。

20. 义务教育普及率

（1）指标含义：其是考察教育发展水平的基本指标，直接代表受测地区未来发展的基础与潜力。

（2）计算公式：义务教育普及率 = 该地区普及九年义务教育的县所辖人口总数 ÷ 该地区总人口数。

（3）资料来源：统计、教育部门统计资料。

21. 人均受教育年限

（1）指标含义：是指一定时期全市 15 岁及以上人口人均接受学历教育（包

括成人学历教育，不包括各种非学历培训）的年数。

（2）计算公式：人均受教育年限 = $\sum P_i E_i / p$。

公式中，P 为本地区 15 岁及以上人口，P_i 为具有 i 种文化程度的人口数，E_i 为具有 i 种文化程度的人口受教育年数系数，i 则根据国家学制确定。

（3）资料来源：统计、教育部门统计资料。

22. 人均道路面积

（1）指标含义：指报告期末城区内常住人口平均拥有的道路路面宽度在 3.5 米以上（含 3.5 米）的道路面积。包括城市路面面积和与道路相通的广场、桥梁、隧道、停车场面积，不包括街心花坛、侧石、人行道和路肩的面积。

（2）计算公式：人均道路面积 = 指定道路面积 ÷ 该地区总人口数。

（3）资料来源：城管部门统计资料。

23. 城市生活垃圾无害化处理率

（1）指标含义：指经无害化处理的生活垃圾数量占生活垃圾总量的百分比。

（2）计算公式：城市生活垃圾无害化处理率 = 无害化处理的生活垃圾 ÷ 生活垃圾总量。

（3）资料来源：建设、环保部门。

24. 城市生活污水集中处理率

（1）指标含义：指城市及乡镇建成区内经过污水处理厂二级或二级以上处理，或其他处理设施处理（相当于二级处理），且达到排放标准的生活污水量与城镇建成区生活污水排放总量的百分比。

（2）计算公式：生活污水集中处理率 = （二级污水处理厂处理量 + 一级污水处理厂、排江、排海工程处理量 ×0.7 + 氧化塘、氧化沟、沼气池及湿地处理系统处理量 ×0.5） ÷城镇生活污水排放总量。

（3）资料来源：建设、环保部门。

25. 万人拥有公交车辆

（1）指标含义：指报告期末城区内每万人平均拥有的公共交通车辆数。

（2）计算公式：主要依据城管部门数据。

（3）资料来源：城管部门统计资料。

26. 文化产业增加值占 GDP 的比重

（1）指标含义：指文化产业增加值占生产总值的比重。文化产业是指为社会公众提供文化、娱乐产品和服务的活动，以及与这些活动有关联的活动集合。根据各类文化活动的特征和同质性，将全部文化产业活动划分为九大类别：①新闻服务；②出版发行和版权服务；③广播、电视、电影服务；④文化艺术服务；⑤网络文化服务；⑥文化休闲娱乐服务；⑦其他文化服务；⑧文化用品、设备及相关文化产品的生产；⑨文化用品、设备及相关文化产品的销售。

（2）计算公式：文化产业增加值占 GDP 的比重 = 文化产业增加值 ÷ 地区生产总值 ×100%。

（3）资料来源：统计部门国民经济核算资料。

27. 居民文化娱乐消费支出占消费总支出的比重

（1）指标含义：指居民用于文化娱乐方面的消费支出占消费性总支出的比重。消费支出指居民用于家庭日常生活的全部支出，包括食品、衣着、家庭设备用品及服务、医疗保健、交通和通信、娱乐教育文化服务、居住、杂项商品和服务八大类。文化娱乐消费支出包括文化娱乐用品支出和文化娱乐服务支出。其中，文化娱乐用品支出指居民购置家庭影院、彩色电视机、影碟机、组合音响等文化娱乐用耐用消费品方面的支出；文化娱乐服务支出指居民用于文化娱乐活动有关的各种服务费用，包括参观游览、健身活动、团体旅游、其他文化娱乐活动费、文化娱乐用品修理服务费等。

（2）计算公式：居民文化娱乐消费支出占消费总支出的比重 =（城镇居民人均文化娱乐消费支出/城镇居民人均消费总支出）×城镇人口比重 +（农村居民人均文化娱乐消费支出/农村居民人均消费总支出）×（1 – 城镇人口比重）。

（3）资料来源：统计部门城市和农村住户调查资料。

28. 生态文明宣传教育普及率

（1）指标含义：是反映人们生态文明观念的指标，此项指标是由文明城市测评体系构成的。

（2）计算公式：主要依据文明城市测评体系。

（3）资料来源：文明城市测评统计资料。

29. 行政服务效率

（1）指标含义：指行政审批受理服务事项的办结率。

（2）计算公式：行政服务效率 = 政务大厅行政审批服务事项办结总件数 ÷ 政务大厅行政审批服务事项受理总件数 ×100%。

（3）资料来源：市政务服务中心统计资料。

30. 市民满意度

（1）指标含义：该指标是以市民主观感受为依据的反映市民对于建设生态文明城市、实施“六有”民生行动计划等的满意程度。主要包括：公共安全满意度、教育满意度、就业满意度、就医满意度、居住满意度、养老满意度、生态环境满意度、公共服务满意度。指标的取值介于0和200之间，100为市民满意度指数强弱的临界点，表示满意感呈一般状态。指数大于100时，表示市民满意感偏向增强，指数值越接近200，表示市民满意感越强；反之，指数小于100时，表示市民满意感偏弱，指数值越接近0，表示满意感越弱。

（2）计算公式：市民满意度=（公共安全满意度指数×W1+教育满意度指数×W2+就业满意度指数×W3+就医满意度指数×W4+居住满意度指数×W5+养老满意度指数×W6+生态环境满意度指数×W7+公共服务满意度指数×W8）/100。

公式中，W为权数，W1+W2+W3+W4+W5+W6+W7+W8=100。其中，W1=14，W2=14，W3=14，W4=12，W5=12，W6=12，W7=12，W8=10。

（3）资料来源：统计部门对市民的问卷调查资料。

第六章　生态文明跨越建设道路的区域示范

——田林县跨越工业文明形态建设生态文明方案

党的十八大提出，建设生态文明是关系人民福祉、关乎民族未来的长远大计。面对资源约束趋紧、环境污染严重、生态系统退化的严峻形势，必须树立尊重自然、顺应自然、保护自然的生态文明理念，把生态文明建设放在突出地位，融入经济建设、政治建设、文化建设、社会建设的各方面和全过程，努力建设美丽中国，实现中华民族永续发展。《2015 年广西壮族自治区政府工作报告》指出，大力发展生态经济，加快构建和谐友好的现代生态文明体系，优化经济发展空间格局，推进区域经济均衡协调发展是经济新常态下的重大任务。

田林县 2014 年三次产业结构为 38∶27∶35，全县目前仍处于农业文明阶段，属于全国和广西农业文明地区跨越工业文明建设生态文明的典型县域。田林县生态文明跨越建设的探索和成果，不仅对田林县生态文明建设和以生态文明建设为抓手带动全县经济社会实现跨越发展具有重大现实意义，而且对全国和广西其他农业文明地区进行生态文明建设具有重要的示范意义。依据田林县的外部环境和内部条件综合分析，以马克思主义跨越发展理论、生态产业理论为指导，吸收和借鉴农业文明地区跨越建设生态文明的经验、教训，田林县跨越工业文明形态建设生态文明的最佳道路是：借助国家和发达地区支持的生态文明跨越建设道路。

一、依据田林县所承担的主体功能区使命制定和实施分区发展规划

根据《全国主体功能区规划》和《广西壮族自治区主体功能区规划》，田林县在全国范围内属于限制开发区域和禁止开发区域，这两种区域的主要功能是进

行生态产品和农产品的生产，提高资源环境承载力以及保障国家农产品安全等，并且限制进行大规模、高强度的工业化和城镇化开发。因此，田林县的分区发展应以全国和广西主体功能区规划为依据，立足于限制开发区域和禁止开发区域的区域功能，确立本地生产生态产品和农产品的使命。田林县要深刻分析全县国土空间开发的现状和形势，阐明未来空间开发的指导思想、基本原则和战略目标，勾画全县人口、产业和经济空间布局，明确各区域的功能定位，提出分类管理的区域政策，促进形成合理有序的空间开发格局，为实现2020年生态文明跨越建设目标打下坚实的内部基础。

1. 田林县国土空间开发现状

田林县是广西壮族自治区百色市所辖的一个县，位于广西西北部，地处南贵昆经济区中心，是滇、黔、桂三省区交界的商品集散地，聚居着壮、汉、瑶、苗、彝、布依等11个民族，县域总面积5577平方公里，辖4镇10乡165个行政村，总人口25万人。县境范围近似正方形，都是山地，无一处平原，有海拔2026.5米的“桂西屋脊”，也有海拔200米的河谷低地，垂直高度差异明显。整个地势东北、西北、西南及中部高，河水向西北、北和东南分流。石山集中在县境东北部和西北部，多溶洞；其余为土山，山上林深草密；海拔1000米以上的高峰有200多座，层峦叠嶂，丘陵起伏。因地势、日照、辐射、热量、雨量的差异，形成温暖、温凉、高寒三个气候区。全县有“三最”：总面积5577平方公里，为自治区之最广；人均土地面积2.619公顷，为自治区之最多；人口密度每平方公里38人，为自治区之最稀。

田林县基于生态文明跨越建设的国土空间开发具有以下特点：①可建设用地资源有限，但尚有一定开发潜力；②水资源较为丰富，但时空分布不均；③环境状况总体良好，但环境容量压力加大；④生态系统相对稳定，但生态脆弱面积较大；⑤交通建设快速发展，但交通优势尚不明显；⑥人口总量较大，但集聚度偏低；⑦经济发展水平不高，区域差异较大。

田林县基于生态文明跨越建设的国土空间开发所面临的形势：①生态系统相对脆弱，环境问题日益凸显；②建设用地需求旺盛，用地保障压力加大；③土地利用方式粗放，利用效率偏低；④城乡二元用地问题突出，空间结构失衡；⑤耕地逐年减少，人地矛盾日益突出；⑥人口分布与经济布局不够协调，公共服务和生活条件差距较大。

2. 田林县主体功能区划分的总体思路

以生态文明跨越建设为最终目标的主体功能区划分要以全国和广西主体功能区规划为基本依据，同时还要充分考虑生态文明跨越建设的内涵，在限制开发和禁止开发的基础上，划分出进行生态产业开发的区域，旨在引领田林县更有效地进行生态文明跨越建设。

田林县按照主体功能区的划分，以土地资源、水资源、环境容量、生态重要性、生态脆弱性、自然灾害危险性、人口集聚度、经济发展水平、交通优势度和战略选择等综合评价为依据，根据不同区域的资源环境承载能力、现有开发强度和发展潜力，确定其功能定位和不同类型的主体功能区。主要划分为以下四类主体功能区：

（1）重点开发区，是指有一定经济基础，资源环境承载能力较强，发展潜力较大，集聚人口和经济条件较好，应当重点进行较大规模生态产业开发的城市化地区。

（2）重点生态功能区，是指生态系统脆弱，生态维度重要，资源环境承载能力低，不具备大规模、高强度开发的条件，需把增强生态产品生产能力作为首要任务，限制进行大规模、高强度工业化和城镇化开发的地区。

（3）农产品主产区，是指耕地面积较多，发展农业条件较好，尽管也较为适宜开发，但从保障国家农产品安全以及中华民族永续发展的需要出发，需把农业综合生产能力作为发展的首要任务，限制进行大规模、高强度开发的地区。

（4）禁止开发区，是指依法设立的各类自然文化资源保护区域以及其他需要特殊保护、禁止进行任何开发、点状分布于重点开发区域和限制开发区域之中的重点生态功能区。

田林县主体功能分区发展规划方案如表6－1所示。

表6－1　田林县主体功能区规划方案

主体功能区类型	行政乡镇（数量，占比）	行政乡镇名称
重点开发区	（1个，7.1%）	乐里镇
重点生态功能区	（2个，14.3%）	旧州镇、潞城瑶族乡
农产品主产区	（7个，50%）	安定镇、者苗乡、八渡瑶族乡、八桂瑶族乡、利周瑶族乡、六隆镇、那比乡
禁止开发区	（4个，28.6%）	平塘乡、高龙乡、百乐乡、渡平乡

3. 重点开发区

该区域是全县重要的人口和经济密集区、提升经济综合实力和产业竞争力的核心区、引领科技创新和推动发展方式转变的示范区、支撑全县经济发展的重要增长极。到2020年，重点开发区域集聚的经济规模占全县的70%左右，人口占全县的55%左右，城镇化率超过60%。

在优化结构、提高效益、降低消耗、节约资源和保护生态的基础上实现跨越发展，加快转变经济发展方式，调整优化经济结构，壮大经济总量；培育发展战略性新兴产业，加快发展现代服务业，大力发展现代农业，提高科技创新能力，形成分工协作的现代产业体系；推进城镇化进程，改善人居环境，提高人口集聚能力。

（1）统筹规划国土空间。扩大工业、服务业、交通和城市居住等建设空间，减少农村生活空间，扩大绿色生态空间，实现科学、高效的用地动态管理和供给。

（2）完善提升城镇功能。扩大城市规模，壮大城市实力，增强服务功能，发展壮大重点镇，构建城乡一体化服务网络，推动形成分工协作、优势互补、集约高效的乡镇群。

（3）形成现代产业体系。按照生态经济的要求，运用高新技术改造传统产业，大力发展战略性新兴产业。积极发展现代农业，稳定粮食生产能力，加强优质农产品基地建设。全面加快发展现代服务业，增强产业配套能力，促进产业集群发展。

（4）促进人口加快集聚。预留吸纳外来人口空间，完善城市基础设施和公共服务，提高城市人口承载能力，制定实施有利于农民工转化为城镇居民的政策体系，促进人口集聚增长。

（5）提高发展质量。优化产业布局，提高土地产出水平。加强水资源管理，严格实施用水总量、用水效率和水功能区限制纳污控制。推进清洁生产，发展循环经济，加大污水、垃圾处理设施建设，降低资源消耗和污染物排放，全面完成节能减排目标任务。

（6）完善基础设施。加强田林县城和重点镇道路、供排水、污水垃圾处理等基础设施建设。统筹规划建设交通、能源、水利、市政、通信、环保等基础设施，构建完善、高效、城乡一体的基础设施网络。

4. 重点生态功能区

该区域是田林县提供生态产品和保护环境的重要区域、保障全县生态安全的重要屏障、人与自然和谐相处的示范区。

（1）维护生态系统完整性。对各类开发活动进行严格管制，尽量减少对自然生态系统的干扰。在不损害生态系统功能的前提下，适度发展资源开采、旅游、农林牧产品生产和加工、休闲农业等产业，积极发展旅游业等服务业，保持一定的经济增长速度和财政自给能力，提供一定的就业岗位。

（2）严格控制开发强度。在一些重要生态功能区、生态环境敏感区和脆弱区，划定生态“红线”。城镇建设要在资源环境承载能力相对较强的城镇集中布局、点状开发，禁止连片蔓延扩张，原则上不再新设开发区和扩大现有工业园区面积，已有的工业园区要逐步改造成为低消耗、可循环、少排放、零污染的生态型工业园区。逐步减少农村居民点空间，腾出更多空间用于生态建设。

（3）实行更加严格的产业准入环境标准。严把项目准入关，禁止布局与重点生态功能区不相适应的各类产业和项目，坚决淘汰落后产能，关闭生产工艺落后、“三废”排放不达标的企业。

（4）开发矿产资源，发展适宜产业和建设基础设施。做到天然草地、林地和水库、河流、湖泊等绿色生态空间不减少。新建公路、铁路，应规划动物迁徙通道。

（5）因地制宜地发展旅游业和特色农业。突出旅游特色，整合旅游资源，推进民族文化和旅游融合发展，高标准建设旅游景点景区，打造旅游精品线路和旅游品牌，建设知名旅游目的地。鼓励和支持农业优势产区集中，推进重大产业项目建设，发展高产、优质、高效、生态、安全的特色农产品，建设特色农业基地。

（6）积极推广沼气、太阳能、风能等清洁能源，在保护生态的前提下积极发展小水电。积极解决农村山区能源需求，在有条件的地区建设一批节能环保的生态型社区。大力改善教育、医疗、文化等设施条件，提高公共服务供给能力和水平。

（7）强化水资源保护和水生生物资源养护。加强重要江河水资源管护，编制实施水功能区规划，设立城乡集中饮用水水源地和备用水源地等，确保重要水功能保护区水质达标率95%以上。以保护西江流域关键濒危水生生物和国家重

点保护的水生动植物资源为重点，加强水生生物增殖放流及水生生物栖息地保护与修复，在保护生态的前提下适度建设拦河大坝，维持水生生态系统的完整性。

5. 农产品主产区

该区域是田林县重要的商品粮生产基地、保障农产品供给安全的重要区域、现代农业发展的示范区。

该区域以提供农产品为主体功能，以提供生态产品、服务产品和工业品为其他功能，不宜进行大规模、高强度的城镇化开发，重点提高农业综合生产能力。严格保护耕地，增强粮食安全保障能力，加快转变农业发展方式，发展现代农业，增加农民收入，加强社会主义新农村建设，提高农业现代化水平和农民生活水平，确保粮食安全和农产品供给。按照集中布局、点状开发的原则，引导农产品加工、流通、储运企业集聚。

（1）加强土地整治，严格保护耕地，加快中低产田和坡耕地改造，提高耕地质量，建设高标准基本口粮田和旱涝保收高标准基本农田。

（2）加强水利设施建设，因地制宜地建设小水窖、小水池、小塘坝、小水渠、小泵站等“五小水利”工程，扩大农田有效灌溉面积。推广节水灌溉，发展节水农业。加强中小流域治理，强化农业防灾减灾体系建设。加强人工影响天气工作。

（3）稳定发展粮食生产，把增强粮食安全保障能力建设作为重要任务，实施新增粮食生产规划，稳定粮食播种面积，推广先进适用农业技术和农机设备，积极推广有机肥的应用，通过生态技术对化学农资的替代来提高单产水平，建设商品粮生产基地县。

（4）优化农业布局，促进农产品向优势产区集中，建设特色农产品生产基地，提高农业生产经营专业化、标准化、规模化、集约化水平。

（5）转变养殖业发展方式，发展健康养殖、生态养殖，在不牺牲畜禽品质的前提下保证一定的生产效率，提高规模化、标准化水平，增强畜牧产品和水产品供给能力。

（6）推进农业科技创新，加大农业科技投入，重点攻克品种繁育、高效栽培、疫病防控、农业节水等关键技术，推进农业科技成果转化，推广普及农业高新技术和先进适用技术，加快更新农机装备。

（7）优化农产品加工业布局，重点发展粮油、果蔬、畜禽、奶制品、水产品、林特产品等农产品深加工，促进规模化、园区化发展。

（8）控制农业资源开发强度，优化开发方式，减少面源污染，发展循环农业，促进农业资源的永续利用。

（9）农村居民点以及农村基础设施和公共服务设施建设要统筹考虑人口迁移的因素，加强规划引导，适度集中，集约布局。

6. 禁止开发区

该区域是田林县保护自然文化资源的重要区域、珍稀动植物基因资源保护地、区域生态环境的核心区域。

（1）在不影响主体功能的前提下，对范围较大、核心区人口较多的自然保护区，可以保持适量的人口规模和适度的农牧业活动，并通过加大生活补助等途径稳步提高群众生活水平。

（2）严格保护风景名胜区内的景观资源和自然环境，不得破坏或随意改变。区域内的居民和游览者应当保护风景名胜区的景观、水体、林草植被、野生动物和各种设施。

（3）根据资源状况和环境容量对旅游规模进行有效控制，避免对森林及其他野生动植物资源等造成损害。不得随意占用、征收和转让森林公园内的林地。

（4）科学划定重要水源地保护区，建设好城市备用水源，完善饮用水水源保护区的标识和警告设施，关闭饮用水水源保护区内所有排污口，严禁不符合饮用水水源保护区功能要求的开发建设活动。实行强制性保护，加强大型水库周边、湖泊岸线一定范围内的植被保护及污染防治，加大水土保持清洁型、生态型小流域综合治理力度。

（5）加强生态功能区建设，继续实施退耕还林，开展植被恢复和水土流失治理，保护现有天然林，绿化所有荒山荒坡。

二、田林县生态文明跨越建设的目标与总体思路

1. 田林县生态文明跨越建设的总体思路

田林县建设生态文明过程中“同时空、异形态”的环境和条件如下：同时间，田林县与全国和发达地区处于同一时代；同空间，田林县与全国和发达地区

处于同一国家、同一体制，可充分发挥大范围内资源优化配置的社会主义计划性优势；异形态，全国处于整体进入工业化后期、正在建设生态文明的阶段，而田林县处于农业文明形态。田林县实现由农业文明跨越工业文明建设生态文明的目标，主要选取借助国家和发达地区支持的生态文明跨越建设道路，其基本实现途径为“三元”驱动模型：以田林县自身努力为主导，以国家和发达地区的支持为外援，以田林县与全国特别是发达地区的社会交往为桥梁，努力与全国同步建成迈向生态文明的“两型社会”。

2. 田林县生态文明跨越建设目标的指标体系

根据生态文明的内涵，依据国家环保部公布的《生态县、生态市、生态省建设指标》以及《广西壮族自治区“十三五”规划》等相关文件，田林县生态文明跨越建设有六大目标：①生态经济目标；②生态环境目标；③生态民生目标；④生态支撑目标；⑤生态文化目标；⑥生态参与目标。这六大目标内容在第四章中已经说明，同时可将“广西少数民族地区生态文明跨越建设指标体系”用于田林县。

以下是经过调研测算后田林县生态文明跨越建设到2020年争取达到的目标值。目标值的制定充分体现了田林县到2020年生态文明建设的总体目标，通过生态文明跨越建设，田林县要在生态经济、生态环境、生态民生、生态支撑、生态文化和生态参与等方面有较大提升，使经济实力进一步增强，结构更趋合理，生态效应更加显现，民生改善更加扎实，人民更加安居乐业，政府更加廉洁高效。为此，奋斗目标要本着时不我待的精神，既科学可行，又强力推进。具体目标值如表6－2所示：

表6－2　田林县生态文明跨越建设指标体系目标值

一级指标	二级指标	单位	指标值
一、生态经济	1. 人均GDP	元	23662
	2. 服务业增加值占GDP的比重	%	19.8
	3. R&D经费支出占GDP的比重	%	>1.56
	4. 高新技术产业增加值增长率	%	15
	5. 单位GDP能耗	吨标准煤/万元	0.6
	6. 主要农产品中有机、绿色及无公害产品种植面积的比重比重	%	60

续表

一级指标	二级指标	单位	指标值
二、生态环境	7. 森林覆盖率	%	79.76
	8. 人均公共绿地面积	平方米/人	15.21
	9. 受保护地区占国土面积的比重	%	20
	10. 空气良好以上天数达标率	%	>98
	11. 饮用水源质量达标率	%	>98
	12. 工业用水重复利用率	%	80
	13. 清洁能源使用率	%	70
	14. 二氧化硫排放总量	万吨	<12
三、生态民生	15. 城市居民人均可支配收入	元	38682
	16. 农民人均纯收入	元	13064
	17. 城镇登记失业率	%	3
	18. 社会保险覆盖率	%	90
	19. 新型农村合作医疗农民参合率	%	100
	20. 义务教育普及率	%	90
	21. 人均受教育年限	年/人	9
四、生态支撑	22. 人均道路面积	平方米/人	6.55
	23. 城市生活垃圾无害化处理率	%	>98
	24. 城市生活污水集中处理率	%	>98
	25. 万人拥有公交车辆	辆/万人	10
五、生态文化	26. 文化产业增加值占 GDP 的比重	%	8
	27. 居民文化娱乐消费支出占消费总支出的比重	%	15
	28. 生态文明宣传教育普及率	%	100
六、生态参与	29. 行政服务效率	%	明显提高
	30. 市民满意度	%	明显提高

注：目标值的计算方法和差距分析详见本章附录。

三、田林县生态文明跨越建设内部驱动措施

田林县生态文明跨越建设的“三元”驱动要素中，内部驱动是关键。主要

任务是依据主体功能区的使命，制定和实施田林县生态文明跨越建设规划，进行与六大目标体系相关的重点项目布局并高效实施。

（一）生态经济驱动措施

1. 发展战略性新兴产业

大力扶持以高科技产业为代表的环境友好型产业，用绿色 GDP 逐步取代传统 GDP，在工业发展现代化的方向上用生态经济目标取代重工业经济目标，在生态文明建设中兼顾环境与经济两方面。通过引进与重点培育有技术进步的生产环节，跨入节能环保、新一代信息技术、新材料、新能源、高端制造等战略性新兴产业的产业链条中，加大风电、物联网等技术研发和应用推广。改造提升传统产业，采用先进、适用、节能、低碳环保技术改造提升传统产业。坚持能耗、水耗、污染物排放标准，严格执行国家下达的淘汰落后产能目标任务，积极化解产能严重过剩矛盾，完善落后产能市场退出机制。

2. 发展生态有机绿色农业

大力发展高产、优质、高效、生态、安全农业，促进农业生产经营专业化、标准化、规模化、集约化，提高农业综合生产能力、抗风险能力和市场竞争能力。推进蔬菜、水果、花卉、中草药、茶叶等园艺产品设施化生产。提高生猪、家禽和草食畜禽发展水平，促进特色名贵淡水产品健康养殖，实施养殖池塘标准化改造工程。大力发展林业产业。加强农产品品牌培育，重视农产品原产地地理标识认证，强化特色优势农产品在全国中心城市的宣传、展示和促销，完善多种形式的农产品市场营销网络。推进农业产业化经营，建设重点龙头企业梯队，突出发展农产品深加工和流通，加强农产品批发市场和冷链物流设施建设。

依托优越的自然气候条件，实施优果工程，大力发展热带、亚热带水果，重点开发优质脐橙、砂糖橘、三月李、三华李、板栗、核桃、猕猴桃等，建立优质水果育苗基地，推进规模化经营。大力发展生猪标准化规模养殖，发展优质淡水鱼类养殖，发展家禽养殖，通过加快本地鸡品种选育和提纯复壮，建设南部土山区和其他乡镇山地鸡生态养殖基地。

依托木竹资源优势，加大资源整合及结构调整力度，引进市场竞争力强的大中型木竹加工企业，大力发展木竹精深加工。重点支持一批上规模、效益好、资源综合利用率高的强优企业加快发展，鼓励半成品和粗加工企业为大企业定点生产，形成与大企业分工协作、专业互补的关联产业群体，提高木竹加工产业综合竞争力。充分利用财政贴息政策，鼓励金融机构对木竹加工龙头企业优先安排贷款，合理确定木材加工企业贷款的期限和贷款利率，增加贴息贷款、小额担保贷款等。力争到2020年培育和引进年销售5000万元以上的木材加工企业5~6家，年销售1亿元以上的木材加工企业3家以上；到2020年，木竹加工业增加值突破1.5亿元。

3. 发展生态旅游业

顺应旅游市场新变化，发挥旅游资源潜力，完善旅游基础设施体系，开发大众化、多层次的旅游产品，提高旅游业整体发展水平，建设旅游强区。着力整合旅游资源，提升山水观光、滨海度假、红色旅游、边关风情、民俗民风、休闲健身、节庆活动、宗教文化、科考探险、生产体验等旅游产品档次。积极创建国家3A级及以上旅游景区，开发一批新兴精品旅游线路，发展乡村游、自助游、跨国游等新兴旅游方式。

着力打造五大精品旅游区：东部岑王老山生态旅游区、南部竹海休闲度假区、西部特色山水旅游区、西部历史文化旅游区、北部黔桂边界水上观光休闲旅游区。充分利用岑王老山春岚、夏瀑、秋云、冬雪四季美景的知名度和生态条件，创建国家级森林公园，逐步把景区建设成为以森林生态、养生度假为主，融合民俗体验、药浴健身、野营探险、体育运动的特色生态旅游景区。重点打造特色旅游精品路线，积极融入云贵大旅游圈及桂西大旅游圈，纳入百色大天坑群旅游区，重点打造六条精品旅游线路：百色—乐里—旧州—贵州八渡镇线路，百色—乐里—定安—西林线路，百色—乐业天坑—岑王老山—乐里线路，岑王老山—乐里—竹海—定安—瓦村电站线路，百色—乐里—驮娘江沿江风光线路，百色—乐里—西洋江沿江风光线路。充分挖掘开发具有少数民族特色、山区特色的旅游工艺产品，重视旅游工艺产品生产和销售渠道的建立。

4. 发展田林县特色产业

八渡笋产自广西百色市田林县八渡乡（瑶族乡），是田林县历史悠久的著名传统特产。竹笋制品以其无污染、纯天然、低脂肪、多纤维以及丰富的营养成分等优点，成为21世纪绿色保健食品，并且竹笋罐头长期以来都是中国外贸出口的大宗商品，产品远销亚欧50多个国家和地区。因此，应大力推进田林县八渡笋食品加工项目，创造田林县特色品牌，为田林县生态产品的建设寻找突破口。

鼓励进一步推进田林县生态产业基地建设，大力推进旧州生态产业示范区建设，集中力量种植芒果、油茶、八渡笋、珍贵树种、用材林等，发展建设一批生态养殖示范区和专业合作社，以示范带动林下生态养殖，大力促进农民增收。

支持企业研发和引进先进技术及设备，提升八渡笋深加工产品质量和档次，重点推进年产5000吨八渡清水笋加工生产线项目建设，优化产品结构，拉长产业链，壮大产业规模。到“十三五”期末，年产干笋650吨以上，副产品开发利用20%以上，年产值0.4亿元以上，培育田林八渡笋国际知名品牌。

支持企业与科研院所联合，开发茶油加工冷榨、茶皂素提取等新技术、新工艺、新产品，加强综合利用，扩大茶油产品市场应用范围，提高产品附加值。鼓励企业强化产品质量认证，积极创立品牌，推动茶油加工向品牌化、高档化方向发展。“十三五”期末，年产茶油1.5万吨，产值5亿元，培育三个以上省级知名茶油品牌。

依托中药材资源优势，引进有品牌、有实力的中医药企业，发展黄栀子、何首乌、淮山、板蓝根等现代中医药系列深加工。到“十三五”期末，灵芝生物药品及保健制品年销售收入达到2亿元，打造2~3个地市级以上知名品牌，现代中医药系列深加工形成一定规模。

（二）生态环境驱动措施

1. 加强生态建设

坚持保护优先和自然修复为主，加强重要生态功能区保护和管理，增强涵养水源、保持水土、防洪防潮能力，全面响应自治区“绿满八桂”造林绿化工程和生态修复工程的号召，大力推进山区生态林、防护林、自然保护区、湿地生态系统建设，巩固天然林保护、退耕还林等成果。采取恢复自然植被、封山育林育草、小流域水土保持等措施，全面推进石漠化综合治理。加强生物物种资源保护和安全管理，防止境外有害物种对生态系统的侵害，保护生物多样性。加强矿山生态环境整治和生态修复。促进森林增长，提高森林覆盖率，增加森林蓄积量和森林生态服务价值，增强固碳能力。加快建立生态补偿机制，积极探索市场化生态补偿机制。

在县域生态功能保护区范围，切实推进“玉米下坡”工程，严格实行封山育林、植树造林、退耕还林。加强生态自然保护区、珠江防护林、重要水源防护林、生态公益林等森林及林地的保护建设。重点加强对岑王老山国家级自然保护区保护，加强对驮娘江、西洋江、南盘江、乐里河等重要江河及城镇饮用水源地生态公益林保护，不断提高县域各类生态公益林、防护林质量及其生态功能。严格控制森林及林地资源开发利用强度，积极恢复地带性植被，治理坡耕地水土流失，加强石漠化治理和自然保护区建设管理，保护生物多样性，建设稳定的森林生态系统，有效维护县域及相关区域生态安全和生态平衡。重点推进林浆纸、淀粉、制糖等企业实施节能减排与市清洁生产项目，加快县城工业集中区配套环保设施建设，严格控制重点企业及区域化学需氧量、二氧化硫、氨氮氧化物等污染物排放。

2. 加强环境保护

坚持预防为主、综合整治，着力解决危害群众健康和影响可持续发展的突出环境问题。实施化学需氧量、二氧化硫、氨氮、氮氧化物排放总量控制，强化工业污染治理和治污设施监管。实行严格的饮用水源地保护制度，规划城镇集中式饮用水源保护区及备用水源地，加大西江流域重点江河和大中型水库水污染防治力度，加强地下水污染防治。推进火电、钢铁、化工、有色金属等行业二氧化硫、氮氧化物治理，开展工业烟气脱硝治理和低氮燃烧技术改造，控制城市噪声和颗粒物污染，加强机动车尾气污染治理和废旧电子电器产品回收处理，建立健全大气污染联防联控机制。到 2020 年，县城集中式饮用水源地水质达标率分别达到 98% 以上，城市空气质量达到二级标准的天数大于 340 天/年。

3. 发展循环经济

以提高资源产出效率为目标，加强规划指导、财税金融等政策支持，推进生产、流通、消费各环节循环发展，加快构建覆盖全社会的环境资源循环利用体系。鼓励企业建立循环经济联合体，推动产业循环式组合。引导企业实施环境管理标准，全面推行清洁生产。开展产业园区能源资源循环化改造，实现土地集约利用、废物交换利用、能量梯级利用、废水循环利用和污染物集中处理。完善再生资源回收体系和垃圾分类回收制度，推进再生资源规模化、产业化利用，发展再制造产业。大力推广生态循环农业模式，发展生态循环型农业。开发应用源头减量、循环利用再制造、零排放和产业链接技术，推广循环经济典型模式，倡导文明、节约、绿色、低碳消费理念，逐步形成绿色生活方式和消费模式。

突出加强造纸、制糖、木材加工、矿产加工等产业的资源综合利用，鼓励采

用新技术、新设备，减少资源损耗，优先支持建设节能降耗项目、工业废水回收和污水处理项目、资源综合利用项目、废弃物回收利用项目、再生能源开发项目、农村生态能源开发项目和环境保护产业项目，鼓励和推行资源集约化利用，积极开展综合利用技术研究开发。在企业生产、商品流通和居民消费等各个环节，推广循环经济。

（三）生态民生驱动措施

1. 提高农村生活条件

加强新农村建设规划引导，统筹农村基础设施和公共服务设施建设，明显改善农村面貌。加大农田水利建设力度，实施田间灌排工程、抗旱水源工程，配套完善灌溉渠系及附属设施，加快干旱地区雨水集蓄利用工程建设，改善农村小微型水利设施条件，健全建设和管护机制。以全面解决欠发达地区安全饮水问题为目标，加快实施农村饮水安全工程步伐，突出解决好山区缺水、沿海地区苦咸水、局部地区高氟水和高砷水等饮水不安全问题。加强农村能源建设，实施新一轮农村电网升级改造工程，继续发展农村户用沼气，推进有条件的农村户用沼气向集中式供气转变，大力发展农村秸秆利用、小水电、太阳能等可再生能源，努力建设绿色能源示范县。

田林县居住着壮族、苗族、回族、瑶族、藏族、景颇族、布朗族、布依族、阿昌族、哈尼族、锡伯族、普米族、蒙古族、怒族、基诺族、德昂族、水族、满族、独龙族等民族，应按照体现民族风格、突出地域特色、尊重村民意愿的原则，有序引导农村居民点适当集中布局，建设新型农村社区。实施农村安居工程，重点推进农村危房特别是边境地区边民危房、少数民族村寨、国有林区垦区、水库库区、移民安置区和华侨农场危旧房改造。加强饮用水源地保护、面源污染控制、污水垃圾集中处理、土壤污染治理等环境综合整治，实施农村清洁工程，配套开展村庄硬化、绿化，改善农村卫生条件和人居环境。

2. 提高农民人均纯收入

完善强农惠农政策，提高农民职业技能和创收能力，拓宽农民增收渠道，努力增加非农收入。落实粮食最低保护价及大宗农产品临时收储等政策，鼓励农民优化种养结构，挖掘农业内部增收潜力，拓展农业功能，实施万元增收工程，巩固提高家庭经营性收入。加快发展面向农村的职业教育，加强就业信息引导，大力发展劳务输出。建设农民创业基地和创业园，促进农民就地就近转移就业。加大农村基础设施建设投入，积极发展农村二、三产业，增加农民劳务收入。完善农业补贴制度，提高农村社会保障、农村扶贫、农村最低生活保障水平，加快发展政策性农业保险，增加农民转移性收入。积极创造条件，增加农民财产性收入。

3. 提高城镇就业率

实施更加积极的就业政策，促进经济增长与扩大就业的良性互动，健全劳动者自主择业、市场调节就业和政府促进就业相结合的机制，创造平等就业机会，千方百计扩大就业规模。完善和落实税费减免、小额担保贷款、财政贴息、场地安排等扶持政策，鼓励自主创业、自谋职业，支持以创业创新带动充分就业。健全基层劳动就业公共服务平台和网络建设，建立完善统一、规范、开放的人力资源市场。健全面向全体劳动者的职业培训制度，对下岗失业人员、农民工、残疾人等开展免费职业技能和实用技术培训。

4. 提高社会保障体系覆盖率

扩大社会保障覆盖范围，重点解决非公有制经济从业人员、农民工、被征地农民、灵活就业人员和自由职业者参加社会保险问题。以城镇基本养老保险、基本医疗保险、失业保险、工伤保险、新型农村社会养老保险制度为重点，以商业保险保障为补充，形成广覆盖、保基本、多层次、可持续的社会保障体系，稳步提高保障水平。建立健全城镇职工和居民养老保险制度，企业职工基本养老保险基础养老金逐步实现全国统筹，全面落实企业职工基本养老保险关系转移接续办法，实现新型农村养老保险全覆盖和城乡养老保障制度有效衔接。完善失业、工伤、生育保险制度。做好城镇职工和居民基本医疗保险、新型农村合作医疗、城乡医疗救助制度的政策衔接，逐步提高城镇居民医保和新农合筹资标准及保障水平，建立健全医疗保险关系转移接续和异地就医结算制度。健全城乡最低生活保障制度，合理提高低保标准和补助水平，对符合条件的困难群体实行应保尽保。推进社会救助体系建设，提高农村五保供养水平，加强留守未成年人的保护，提高孤儿福利，加强对残疾人优抚安置服务设施建设，实现城乡社会救助全覆盖。

5. 提高教育发展水平

按照优先发展、育人为本、改革创新、促进公平、提高质量的要求，深化教育教学改革，推动教育事业科学发展，为到 2020 年基本实现教育现代化打下良

好基础。

从2014年的数据来看，田林县平均受教育年限是六年，与我国的九年制义务教育年限相比还有较长一段差距，教育方面的资金投入还需要更大的力度。应促进义务教育均衡发展，重点向农村、边远、贫困、边境、民族地区以及薄弱学校倾斜，逐步建立城乡一体化义务教育发展机制，缩小城乡、区域、校际、群体教育发展差距，基本实现义务教育县域内均衡发展。实行县（市）域内城乡中小学教师编制和工资待遇同一标准，以及教师和校长交流制度。加大对家庭经济困难学生的资助力度，完善覆盖各阶段教育的资助体系，扶助家庭经济困难学生完成学业。逐步实行残疾学生高中阶段免费教育。实施民族地区、贫困地区农村小学生营养改善计划。切实保障进城务工人员子女和留守儿童平等接受义务教育的权利，改善农村学生特别是留守儿童的寄宿条件。

扩大高中阶段教育规模，基本普及高中阶段教育，发展优质普通高中教育，继续实施示范性普通高中建设工程。大力发展职业教育，推进国家民族地区职业教育综合改革试验区建设，新建一批地区性职业教育示范基地和综合实训基地，进一步提高中等职业教育基础能力，逐步实行中等职业教育免费制度。合理建设教师周转房，改善教育环境。加大教师引进和培训力度，提高教师综合素质，优化师资队伍，健全有利于教育均衡发展的人事、薪酬等管理制度，进一步完善学校用人机制。

根据田林产业发展需要，开设有关造纸、制糖、矿产品加工、农副产品深加工、旅游、物流、营销、金融、管理等相关专业和课程，加强实验实习基地建设，重视实践教学和职业技能训练，增强学生动手能力和适应职业变动能力。加快县、乡镇、村三级成人教育网络建设，构建终身教育体系，把职业教育、成人教育和农村劳动力输出、农村经济发展、农民增收结合起来，积极培养农村实用人才。

（四）生态支撑驱动措施

1. 提高公共基础设施水平

按照以人为本、节地节能、生态环保、安全实用、突出特色、保护文化和自然遗产的要求，统筹公共设施建设，完善城镇道路、桥梁、通信、邮政、供电、给排水、供气、消防、园林、绿化、环卫及残疾人专用等基础设施，加强面向大众的学校、医院、图书馆、科技馆、博物馆、体育场馆等设施建设。继续加强城镇污水和垃圾处理设施建设，已建成的污水处理设施确保正常运行。支持发展承载量大、快速便捷的城市公共交通网络。到 2020 年，力争城镇自来水普及率和燃气普及率均达到95%，污水集中处理率和垃圾无害化处理率分别达到95%和97%，人均道路面积达到6.55 平方米。

加强景区沿途旅游村寨改造、沿江码头改建、游船更新、游乐园新建、游客中心扩建、停车场和厕所新建扩建等。在旅游景点引导发展“家庭旅馆”、“乡村旅馆”等大众化的住宿餐饮设施，提升旅游服务功能和服务水平。修建隆百高速公路出口至岑王老山的二级公路，提升岑王老山景区的通达能力。完善旅游基础设施，构筑便捷、高效的旅游交通网络。配合推进潞城到云南罗平铁路、田林至西林高速公路、国道 324 线公路提级改造的建设。推动建设县城出城道路、县城绕城公路（城南段）、隆林板坝至旧州至百乐至乐业、潞城至乐业和隆林至云南富宁等二级公路。“十三五”期末，实现通省外、县外主干公路达二级以上，县城至乡镇、乡镇互通二级公路达90%以上。开展“通村道路攻坚工程”，投资 3 亿多元，全面开工建设剩余 51 个村 502 公里的通村水泥路，确保质量和进度，力争实现村村通水泥路。整合部门资金，改扩建 25 条 143.9 公里的屯级道路，解决群众行路难问题。积极争取资金，重点推进八渡口大桥、田林至凌云二级路、旧州至那腊二级路、乐里至八桂三级路建设，加快构建省际、县际、乡村交通大网络。

2. 提高水利设施质量

坚持兴利除害结合、防灾减灾并重、治标治本兼顾、政府社会协同，加强水利设施建设，进一步提高水利保障能力。大力支持小型农田重点县设施建设，以及配套续建和节水改造。加强防汛抗旱预警预报信息化系统和基层防汛体系建设，提高防汛抗旱应急处置能力。

进一步加强病险水库的排险加固，重点推进石头林水库、龙车水库、板桃水库、供央水库、平宜水库、八桃水库、丰厚水库七座小（一）型水库和马逻水库、达西河水库、八架水库、那雄水库、八洞水库、六帮水库、小龙车水库七座小（二）型水库除险加固工程建设。加快城镇防洪工程建设，重点推进县城城区防洪续建工程、乐里河潞城至汪甸段防洪整治工程和利周河防洪整治工程等。加快城乡饮水安全工程建设，推进启文河水库、利周河等备用水源工程建设，加强县城备用水源建设和重点城镇水源储备。按照新建与改造相结合、集中与分散

相结合、农户自我管理与市场机制运作相结合的方式，加大以人畜饮水为重点的农村安全用水工程建设。加快县城给排水管网改造和扩建，推广应用水管新材料，减少供水二次污染，提高供水水质，提高污水收集率，满足县城居民用水。

3. 提高监测监督能力

监测监督能力主要包括以下体系的建设：生态农产品的质量安全监测体系、生态状态监测体系、地质灾害监测预警体系。具体来说，在增加农产品中有机、绿色及无公害产品种植面积比重的同时，要加强无公害食品、绿色食品、有机食品等质量安全的监测及产地环境和农药、肥料、饲料的检测检验，组织实施农产品认证、农产品地理标志登记和获证产品的监督管理。充分利用遥感、地理信息系统等技术，对生态地理环境进行实时检测，防止出现自然灾害。

（五）生态文化驱动措施

1. 促进文化产业发展

推动文化产业发展，增强文化产业整体实力和竞争力。实施文化产业项目带动战略，积极发展广电网络、文化创意、演艺娱乐、传统工艺美术、文物博物馆等文化产业，推动文化产业与旅游业、商贸业、高新技术产业融合发展。发展田林县特色文化产业群，促进文化产业规模化、集约化、专业化。繁荣文化市场，扩大文化消费，打造田林文化消费集聚区，加强文化市场监管。加强以东盟各国为重点的国际文化交流合作。到2020年，力争文化产业增加值占田林县生产总值的比重达到8%以上，推动文化产业成为经济支柱性产业。

继续挖掘北路壮剧文化精髓，不断提升北路壮剧文化品位，继续推介瑶族铜鼓舞，积极申报“壮族祭瑶娘”国家级非物质文化遗产，着力打造北路壮剧、瑶族铜鼓舞文化品牌，积极发展壮、汉、瑶、苗山歌等传统优秀民族文化。加强文物保护单位的维修及保护，做好定安西林教案遗址、岑氏宗祠的维修。抓好农村剧团建设，努力恢复全县业余剧团80个以上。加强体育基础设施建设，努力构建县、乡（镇）、村委会（社区）三级体育设施网络，重点建设14个乡镇农民体育健身工程。

2. 逐步完善生态文明教育传播平台

提高广大人民群众的生态文明意识水平是生态文明跨越建设的重点之一。为此，应加大各种各样的生态文明教育、宣传和创建活动，学校也可以在教学中增加有关生态文明环境教育的内容，举办生态环境实践活动，全面提高学生的生态文明意识，并起到辐射作用。

田林县政府需要进一步完善教育文化设施和传播平台，大力宣传生态文明跨越发展的相关理念，为生态文明的跨越式建设奠定群众基础。加强对学校、文化馆、大众传媒等的建设，调动各方资源，达到持久、深入的生态文明知识普及教育。

（六）生态参与驱动措施

1. 提高公众参与意识

生态文明能否最终建设成功，主要还是依托公众的参与。田林县可以通过加强对相关法律法规的宣传教育，使更多的公民了解到自己所拥有的权利与应尽的义务，强化公众的环境法律意识和责任意识，在自身环境权益受到损害时敢于用适当的法律手段维护自身的合法权益。鼓励广大人民群众参与到生态文明建设中，积极组织公众的生态文明交流活动，对为生态文明建设做出贡献的企业单位和个人进行表彰，发挥他们的带头作用，激发公众的参与热情。

2. 拓宽公众参与渠道

应该坚持执行环境影响评价制度，实行论证制度和听证制度，指导媒体开展生态文明建设评议，促进公众参与。为民间环保组织开辟道路，为其提供良好的发展环境，环保与民政部门要加强培训，引导并支持民间环保组织开展生态文明宣传、环境权益维护等公益活动。

3. 建立健全公众参与保障机制

政府部门应该建立包括激励机制、表达机制和监督机制在内的公众参与保障机制，并且确保其切实发挥作用，提高公众的参与积极性。明确民间环保组织的法律地位，明确规定其组织性质、活动范围及方式，并赋予其独立的诉讼资格，提升民间环保组织的社会公信力，为公众参与提供组织保障。

四、田林县生态文明跨越建设外部支持措施

在生态文明跨越建设的“三元”驱动模型中，外部支持即国家和发达地区

的支持是手段。基本原则是以民族欠发达地区生态文明跨越建设规划为导向给予政策和财政支持，以地区之间利益共享为导向开展生态文明跨越建设区域合作。重点使用的支持手段包括三类，即引入发达地区的优势产业、引入发达地区的转移资金和引入发达地区的高素质人才。

（一）引入发达地区优势产业

1. 大力推进生态产业园区建设

引入生态文明发达地区优势产业和资金建立产业园区，在符合政策规划的前提下，着力把产业区打造成为生态文明跨越建设的主阵地，完善园区生产性、生活性服务设施，加快园区污水、垃圾、固废等无害化、循环化、资源化集中处理设施建设，建立完善园区公共服务平台体系。引导主要产业、同类产业、配套产业集聚发展、集群发展、集约发展，实施大项目带小项目，上游项目带下游项目，增强园区项目带动力量。注重资源节约循环利用，坚决防止污染项目进入。

根据产业布局要求和浆纸产业发展需要，引进发达地区优势技术，在旧州布局建设浆纸产业园，占地面积 1500 亩，推进浆纸产业集约化、集群化发展。推进园区环保配套设施建设和企业节能减排，切实加强浆纸企业污染防治，普及推广清洁生产，大力发展循环经济，努力做到园区公共道路交通一体化、产品运输物流配送一体化、相互关联的产品项目建设一体化、企业污水处理一体化，把田林浆纸产业园建设成为现代化生态循环浆纸产业园。

2. 大力推进发达地区成功生态产业

加强田林县龙井茶种植项目，龙井茶种植有效利用缓坡荒山，实现效益的最大化。防止水土流失，保持原生态平衡，促进农业可持续发展发挥积极效果。加大力度对开荒、种茶、采茶、加工成品等各个环节进行专业培训。从长远来看，龙井茶种植不管是社会效益还是经济效益都是十分可观的，但大规模发展龙井茶种植业投资大，收效期较长，因此，应引入发达地区的资金投入，为前期的投入资本提供保障，为生态文明跨越建设提供坚实后盾。

建设田林县冷鲜农畜产品配送中心，进行农畜产品专业分拣、包装、配送。随着电子商务、信息管理系统的不断完善，互联网技术也发挥着越来越重要的作用，配送中心的建立为农畜产品的销售迈入现代化水平起到了保障作用。实施田林县年产 10 万吨有机复合肥项目，推进农业生态化进程。引进农业废弃物处理专用设备，利用糖厂滤泥、木薯渣、鸡粪、玉米秆等集中除臭和发酵处理，接种功能微生物制成有机肥料。

（二）引入发达地区转移资金

改善投资环境，创新招商引资机制，制定优惠政策吸引发达地区资金的投入，扎实推进自治区“央企入桂、民企入桂”的方针政策，提高合同履约率、资金到位率和项目开工率。鼓励外来资金以参股、并购等方式参与当地企业的兼并重组，促进外来资金股权投资和创业投资发展。与此同时，要加大对农村地区的资金投入，鼓励农民优化种养结构，挖掘农业内部增收潜力，拓展农业功能，积极发展农村二、三产业，增加农民劳务收入。通过上述措施提高转移资金的投资回报率，为生态文明跨越建设提供坚实后盾。

（三）引入发达地区高素质人才

1. 搭建创业项目平台吸引高素质人才

田林县政府创造就业条件，引进优秀大学毕业生进入田林县，并且给予相应的优惠扶持政策。搭建教育培训平台，与生态建设先进地区进行人才交流，学习其先进的管理理念与技术。生态文明工程建设是涉及多个领域的系统工程，必须加强对项目管理人员的管理技能培训、技术人员的新技术和新知识培训以及农林牧实用技术培训。通过培训，切实加强管理人员的管理水平，提高技术人员和农牧民、林农的科学文化素质和劳动技能。

2. 通过科研项目吸引高素质人才

围绕提高科技创新能力，依托重点产业、重大项目、重要科研创新平台和优势企事业单位，加快发展人才小高地。重点支持青年科技人才承担重大科技项目以及国际学术交流与合作项目，引进和用好海外高层次人才。大力引进经济社会发展各领域紧缺专门人才，统筹推进党政、企业经营管理、专业技术、高技能、农村实用、社会工作等各类人才队伍建设。组织实施国家少数民族高层次骨干人才培养计划，培养造就少数民族人才队伍。

3. 通过政策倾斜吸引高素质人才

重点向农村、边远、贫困、边境、民族地区以及薄弱学校倾斜，吸引优秀的基层教育人才和基层科技工作者，实行县（市）域内城乡中小学教师编制和工

资待遇同一标准，以及教师和校长交流制度，提高校长和教师专业化水平，鼓励优秀人才终身从教，逐步建立城乡一体化义务教育发展机制，缩小城乡、区域、校际、群体教育发展差距，基本实现义务教育在县域内均衡发展。

五、田林县生态文明跨越建设内外部社会交往措施

内外部社会交往的目的是通过田林县与发达地区的全面交往、交流，实现与先进地区的生态文明观念同化、生态文明技术同步、生态文明资源同享。

（一）内外部观念同化

生态文明观念通过生态文化表现出来，生态文化建设是生态文明跨越建设的基础，我们应当对生态文化进行深入的挖掘、提炼，并将其进一步弘扬。文化是经济发展的强力引擎，只有把文化强省建设与加快转变经济发展方式、加强和创新社会管理等有机结合，才能立足现实基础，满足人民群众期待，建设真正意义上的文化强省。因此，加深田林县与其他地区间的文化交流，有利于吸收其他地区的先进文化思想，为田林县最终实现生态文明跨越建设提供强大的文化支撑。另外，应抓住中国—东盟自由贸易区建成、实施新一轮西部大开发战略重大机遇，将全方位、多层次、宽领域的对外开放与合作的文化深入田林县各行各业。

（二）内外部技术同步

1. 通过发达地区技术转移实现技术同步

在田林县推进一批自治区级重点实验室、工程技术研究中心、产业研发中心、企业技术中心、中试基地等创新平台建设，促进科技进步与产业升级紧密结合，加快科技创新成果向现实生产力转化，支持适应生态文明跨越发展需要的应用基础研究。优化发展百色等国家农业科技园区，稳定基层科技队伍，加强基层科技能力和科普服务能力建设，实施全民科学素质行动计划。

2. 通过互联网技术实现技术同步

近年来，随着信息网络技术的飞速发展和互联网的应用普及，互联网平台经济作为一种创新型的商业模式正在迅速崛起。具有高度黏性的平台经济正日益改

变着传统产业链和价值链的生态环境，已成为产业转型升级的新龙头和推动服务经济发展的新引擎。

田林县应依托周边省市高新技术发展的成果，搭建属于自己的网络销售服务平台，如电子商务、门户网站等来实现网络分类、销售、咨询等服务，快速了解市场行情，用大数据理性分析市场需求情况。生态文明跨越建设要依托于生态农业的发展，当今社会生活日新月异，大众消费更加关注的是无公害的消费产品，可以进行生态土地出租，实现信息对称以及产销衔接。

（三）内外部资源同享

1. 充分开展区内外生态旅游合作

联合开拓客源市场，推介旅游产品和线路，推进无障碍旅游区的建设，推进旅游企业的联合发展，重点促进南北旅游企业的联合开发与经营。广西以桂林、北海、南宁为主要旅游线路，应通过加强三大集散中心的联动，充分发挥这三大集散中心已具备的旅游龙头和辐射作用，带动和促进田林县生态文明旅游发展。

与周边省区合作的模式是“互相宣传，互荐客源，形成多边无障碍旅游区”。一方面，通过各种方式与其他省区特别是云南、贵州、湖南、海南、江西等进行互相宣传、互相促销，解决百色市以及田林县与国内市场衔接不紧密、潜在旅游者对广西百色地区生态旅游信息了解不够的问题；另一方面，通过建立“互荐客源”的奖励机制，引导游客对旅游目的地的互相选择，实现客源共享。加强泛珠三角经济区域的旅游宣传促销合作，加大桂粤港澳跨省（自治区、直辖市）的旅游项目投资合作开发力度，联合开展旅游项目招商引资。积极推动东盟旅游合作，利用广西的独特地理优势，加强百色市以及田林县与东盟国家的旅游互通。

2. 充分开展国内多区域合作

响应自治区号召推进与泛珠三角区域更紧密的合作，全面提升能源、产业、环保、旅游、劳务等合作水平，从而更加全面主动地接受先进生产力的辐射带动。改善投资环境，创新招商引资机制，完善区域合作机制，拓宽合作领域，提高合作层次，增强合作实效。

鼓励有条件的企业进入物流领域，促进现有运输、仓储、外贸、批发、零售企业的功能整合和服务延伸。加大招商引资力度，引进有实力的 3～5 家物流公

司到田林县投资物流，增强田林县发展物流的竞争力和整体实力，通过现代物流业充分提高田林县与周边区域的合作层次。

3. 充分发挥中国—东盟自由贸易区优势

用好中国—东盟自由贸易区深入发展的重大机遇，全方位、多层次、宽领域扩大对外开放，参与国际国内多区域合作，以开放促发展、促改革、促创新，加快形成田林县对外开放新格局。坚持服务国家周边外交战略，以重要领域项目合作和机制建设为重点，以促进贸易投资便利化为主要内容，在中国—东盟自贸区框架下拓展新的开放领域及合作空间。

利用交通区位优势，吸引国内外客商投资、产业转移和海内外人才创业就业。积极开拓东盟市场，培育扶持特色优势出口产业，提高出口贸易额。完善招商引资政策，加快招商队伍建设，围绕承接产业转移、产业发展、城市建设、园区开发，谋划和储备一批重点招商项目，完善招商引资项目库，采取专题招商、以商招商、网络招商、驻点招商等多种招商形式全面开展招商引资，加大项目推介力度，力求在引资规模和质量上有新突破。

附　录

指标体系中目标值的计算与差距分析

表6-3　田林县生态文明跨越建设差距

一级指标	二级指标	单位	指标类别	2014年（现值）	2020年（目标值）	年增长率（%）
一、生态经济	1. 人均GDP	元	正指标	14109	23662	9
	2. 服务业增加值占GDP的比重	%	正指标	15	19.8	0.8
	3. R&D经费支出占GDP的比重	%	正指标	0	1.56	0.26
	4. 单位GDP能耗	吨标准煤/万元	逆指标	0.65	0.6	0.8
	5. 主要农产品中有机、绿色及无公害产品种植面积的比重	%	正指标	12.2	60	8.0

续表

一级指标	二级指标	单位	指标类别	2014 年（现值）	2020 年（目标值）	年增长率（%）
二、生态环境	6. 森林覆盖率	%	正指标	76. 76	79. 76	0. 5
	7. 人均公共绿地面积	平方米/人	正指标	14. 49	15. 21	0. 12
	8. 空气良好以上天数达标率	%	正指标	100	100	0
	9. 饮用水源质量达标率	%	正指标	100	100	0
	10. 工业用水重复利用率	%	正指标	70. 69	80	1. 56
	11. 二氧化硫排放总量	万吨	逆指标	0. 15	0. 12	4. 5
三、生态民生	12. 城市居民人均可支配收入	元	正指标	21835	38682	10
	13. 农民人均纯收入	元	正指标	5648	13064	15
	14. 城镇登记失业率	%	区间指标	3. 33	3	0. 06
	15. 社会保险覆盖率	%	正指标	76. 80	90	2. 2
	16. 新型农村合作医疗农民参合率	%	正指标	97. 20	100	0. 47
	17. 义务教育普及率	%	正指标	74. 14	90	2. 64
	18. 人均受教育年限	年/人	正指标	6 年	9 年	0. 25 年
四、生态支撑	19. 人均道路面积	平方米/人	正指标	3. 7	6. 55	10
	20. 城市生活垃圾无害化处理率	%	正指标	95	100	0. 83
	21. 城市生活污水集中处理率	%	正指标	97. 56	100	0. 4
	22. 万人拥有公交车辆	辆/万人	正指标	2. 15	10	1. 3
五、生态文化	23. 文化产业增加值占 GDP 的比重	%	正指标	2	8	1
	24. 居民文化娱乐消费支出占消费总支出的比重	%	正指标	6. 05	15	1. 5
	25. 生态文明宣传教育普及率	%	正指标	89	100	1. 83

一、生态经济相关指标差距分析

通过对田林县实际值与目标值的差距分析，本书研究发现，在生态经济所涉及的人均 GDP、服务业增加值占 GDP 的比重、R&D 经费支出占 GDP 的比重、单位 GDP 能耗和主要农产品中有机、绿色及无公害产品种植面积的比重五个二级指标中，人均 GDP 与主要农产品中有机、绿色及无公害产品种植面积的比重两个指标预计达到目标值的年增长率最高，分别为 9.0%、8.0%。其次是服务业增加值占 GDP 的比重、单位 GDP 能耗，分别为 0.8%、0.8%。2014 年田林县实际的人均 GDP 为 14109 元，目标值为 23662 元。

差距主要是由于田林县经济基础设施落后、政府部门管理不到位、环境污染、长期的粗放式发展、经济效率低下以及相应的经济管理体制不健全。主要农产品中有机、绿色及无公害产品种植面积的比重与目标值差距明显，是由于传统农业耕作的束缚，过量使用农业化肥以及生产效率低下，缺少科学的农业生产培训，从事农业生产的专业人员数量少等。从 2014 年的数据来看，田林县服务业增加值占 GDP 的比重为 15%，目前服务业增加值占 GDP 的比重过低主要是由于服务配套设施不完善、旅游业水平滞后、社会分工水平低等因素造成，对于依托生态拉动经济的地区来说，未来的增长无疑主要是靠第三产业来带动，其中服务业的发展将作为 2020 年田林县生态文明建设的重点。单位 GDP 能耗属于逆指标，尽量降低每单位 GDP 所消耗的能源用量是生态文明建设的需要，其实际值与目标值的差距主要是由于田林县生产效率相对落后、以资源节约为核心目标的自然资源相关制度不健全、全民参与力度不够以及政府关于生态文明建设的宣传力度不到位等。

二、生态环境相关指标差距分析

在森林覆盖率、人均公共绿地面积、受保护地区占国土面积的比例、空气良好以上天数达标率、饮用水源质量达标率、工业用水重复利用率、清洁能源使用率、二氧化硫排放总量八个二级指标的目标值中，到 2020 年，工业用水重复利用率与二氧化硫排放总量所需的年增长率最高，分别为 1.56% 和 4.5%。目前，田林县传统工业设备陈旧、技术及专业人才缺失导致资源利用率很低。为了有效地推进生态文明建设，必须加大力度招商引资，推进产业联动，走一条跨越工业文明的生态文明建设道路。与此同时，森林覆盖率 2014 年的实际值已经达 76.76%，空气良好以上天数达标率高达 100%，这说明田林县发展生态文明建设具有得天独厚的优势。

三、生态民生相关指标差距分析

该一级指标的分析包括城市居民人均可支配收入、农民人均纯收入、城镇登记失业率、社会保险覆盖率、新型农村合作医疗农民参合率、义务教育普及率、人均受教育年限七个二级指标。具体来看，城市居民可支配收入在2014年为21835元，距离2020年的目标值38682元差距较大，需要平均每年10%的增长率才能达到目标值。农民人均纯收入面临同样的问题，2014年为5648元，完成2020年13064元的目标需要每年15%的增长。城镇登记失业率、社会保险覆盖率和新型农村合作医疗农民参合率在2014年分别为3.33%、76.8%和97.2%，三项指标相对较好，距离目标值差距不大。与基础教育相关的两个指标义务教育普及率、人均受教育年限2014年分别为74.14%和6年，距离2020年的目标值有一定的差距。

分析可见，增加田林县当地城镇以及农村居民收入是改善生态民生的关键方面。同时，完善农业补贴制度，提高农村社会和医疗保障以及深化教育教学改革，推动教育事业科学发展也迫在眉睫。

四、生态支撑相关指标差距分析

生态支撑指标体系包括人均道路面积、城市生活垃圾无害化处理率、城市生活污水集中处理率和万人拥有公交车辆四个二级指标。具体来看，涉及交通方面的两个指标人均道路面积和万人拥有公交车辆2014年的现状分别为3.7平方米和2.15辆，与2020年目标值的差距较大。其他两个指标城市生活垃圾无害化处理率、城市生活污水集中处理率现实情况相对较好。分析可知，建设高效的交通道路体系对未来田林县发展具有积极的支撑作用。

五、生态文化相关指标差距分析

生态文化一级指标下，可比较的指标有三个，即文化产业增加值占GDP的比重、居民文化娱乐消费支出占消费总支出的比重、生态文明宣传教育普及率。其中，文化产业增加值占GDP的比重在2014年为2%，距离2020年的目标值8%差距较大。居民文化娱乐消费支出占消费总支出的比重2014年为6.05%，而2020年的目标值为15%，因此需要采取相应的措施用以提升当地居民的精神文化生活。

第七章　生态文明跨越发展的产业探索

生态文明跨越发展的产业探索将循着一条“红线”，以自然资源高效合理利用、资源节约为主攻方向，充分达到环境友好标准，最大限度地满足群众参与，逐步提高地方与群众的收入水平。

从字面上来看，资源节约是要在经济发展中达到资源低耗费、高效率。表现在：利用土地资源要提高集约利用水平；水资源要优化配置与有效保护；森林资源要控制消耗，推进再生；矿产资源要有序开发，合理利用；国土资源包括海岸滩涂，要保护与利用相结合；废弃物要资源化利用；等等。实际上，资源节约涉及比上述更多的方面，并覆盖到经济动态的整体。

在全国努力建设“两型”社会、大力提倡循环经济和低碳经济的背景下，广西工业化转型一方面要对现有增长中的产业进行生态化改造；另一方面要增加生态性产业的比重，使广西工业结构改变以资源消耗型的采掘工业和初级产品制造为主，加工深度和产品的附加值较低，资源的消耗高，对环境的污染、破坏大的局面。良好的生态环境和自然禀赋是广西最具魅力、最富竞争力、最持久的独特资源和宝贵财富，必须始终保持好、维护好这一品牌和优势。要增强生态环境就是竞争力、生产力的意识，使节约和合理利用资源、保护生态环境成为全社会的共同行动和核心价值观，从而将生态资源的比较优势转化为持续发展的核心优势，在新一轮发展竞争中抢占制高点。

一、宜州市桑蚕茧丝绸产业

通过宜州市桑蚕茧丝绸产业发展这个案例，我们可以得到少数民族地区从农业文明跨越到生态文明的一些启示。

宜州市是广西西北部河池市辖下的县级市，是壮族歌仙刘三姐的故乡。这里的区位条件、自然地理条件、经济条件都表明它是少数民族地区中较为发达的地方，在主体功能区分工中不属于限制发展地区。三线建设时期，国家在这里建立了当时先进的维尼纶化纤企业，但先进的工业企业与周边传统的农业形成明显的二元经济结构。自20世纪90年代以来，宜州市走上工业化发展之路，但并未循着河池市作为矿产资源富集区的重化工业发展轨道，而是抓住东桑西移、东丝西移的机遇，进行产业结构调整，大力发展桑蚕茧丝绸产业。宜州市拥有丰富的土地和劳力资源，自然条件优越，蚕业发展优势明显。《宜州市志》记载，早在明代嘉靖年间，宜州农民就有种桑养蚕的习惯，发展茧丝绸产业有基础、有优势；通过大力引进浙江等丝绸产业强省的大批加工企业，宜州市近几年发展成为全国第一大蚕茧生产基地县（市）和广西最大的原料茧生产与茧丝加工基地县（市）。全市年蚕茧产量和茧丝加工量分别占全区总量的1/4和1/7。重要的不在这些数量、规模，而在于质量与产业内涵。宜州市的桑蚕茧丝绸产业在种桑养蚕先进技术普及率、蚕农合作组织化程度、发展农工商一体化、茧丝绸精深加工、产业链、产品附加值、培育桑蚕茧丝绸名牌产品、桑蚕茧资源综合循环利用开发、综合效益等方面都有成就，并有进一步提升的潜力。

对这一发展，我们不能简单地视为一个地方正确地做出了产业选择，发展适合当地的轻工业，而是包含了文明形态跨越发展的某些信息。

（一）发展依托农业的加工业

茧丝绸生产与桑蚕生产相连接，是典型的农产品加工制造。宜州市近年来成为广西第一大白厂丝生产基地县（市），至2012年，全市茧丝绸加工企业16家，其中缫丝厂15家，共装自动缫丝机180组，年缫丝能力达6000吨；织绸企业1家，装机180台（套）。全市生产白厂丝3148吨，坯绸218万米，蚕丝被10万床，丝绸加工业总产值达12亿元。在此基础上，规划培育和发展茧丝绸加工企业12~15家，产业链延伸至丝绸加工等领域。[①]

宜州市的茧丝绸工业走集约型发展之路，努力培育一批自治区级和国家级茧丝绸名牌产品。全市生丝35%达到5A以上，90%达到4A以上，已有获广西著

---

① 《宜州市桑蚕茧丝绸产业循环经济发展喜人》，广西宜州商务之窗，2013年2月19日。

名商标的“绮源”白厂丝以及“南方丝缫”、“刘三姐”等蚕丝被品牌。同时培育高新技术企业，规划到2015年，全市要有2家桑蚕茧丝绸产业相关的企业通过国家高新技术企业认定。在此基础上，构建10家科技型企业，推进科技创业，转化科技成果。[①]

宜州市正在建设现代化丝绸工业园区。按照高起点、高标准、高质量要求，在丝绸工业园区内发展缫丝、织绸、蚕丝被、丝绸服装等系列生产，获取集群效应。工业园区建设污水集中处理（废水利用）、集中供热系统。目标是将宜州市丝绸工业园区建设成为中国西南地区最大的现代化丝绸城。

（二）可带动商品性、科技型农业的发展

宜州市种桑养蚕历史悠久，气候温和，雨量充沛，自然条件优越，适宜桑蚕生产，有丰富的土地和劳动力资源。东桑西移之后，桑蚕产业成为宜州市继蔗糖产业之后又一个重要的商品性农业。从2005年起，宜州市连续七年保持全国第一大桑蚕生产基地县（市）地位。为使桑蚕生产成为“富农产业”，需要让它向商品性、科技型农业与社会化生产的方向发展。目前这个势头已经出现。

1. 桑蚕生产的规模与分布

2012年，宜州市桑园面积达到31.3万亩，桑蚕生产已遍及全市16个乡镇所有村屯，养蚕农户达10.7万户。农民养蚕收入18.61亿元，农民养蚕人均收入达到4040元。桑园面积和蚕茧产量连续七年保持全国、全区县域第一。[②]

2. 蚕种生产与经营情况

目前，宜州市境内有河池市蚕种场和宜州市蚕种场，两个蚕种场年产种量为50万～60万，80%左右供应宜州本地，占宜州总用种量的40%左右，其余的用种主要是区内各种场及少数区外种场通过本地蚕种代理商经销供应，品种主要是广西“两广二号”、“桂蚕一号”等当家品种。[③]

3. 桑蚕生产技术推广运用情况

科技型生产要求推广普及蚕、桑优良新品种、新技术，如丰产桑园栽培、桑

---

① 蓝锐：《科技助推宜州桑蚕茧丝绸产业循环经济示范区建设》，广西科技信息网，2009年9月9日。

②③ 《宜州市桑蚕茧丝绸产业循环经济发展喜人》，广西宜州商务之窗，2013年2月19日。

园测土配方施肥、小蚕共育、方格蔟营茧、大蚕节本增效省力化饲养、蚕桑病虫害综合防控、桑园间套种等先进实用种养技术，全面提高蚕农标准化意识和科学种养水平。目前，宜州市小蚕共育率高达70%以上，方格蔟使用率100%，自动化上蔟、轨道省力化喂蚕、自动取茧器等先进机具的推广和使用率居全区领先、全国前列。2012年，全市鲜茧上车率达92%，平均解舒率达到61%以上，净度达到93～94分，高于全区平均水平。①

（三）推进蚕茧生产的产业化、合作化

产业化、合作化是社会化生产的体现。宜州市的桑蚕茧丝绸产业以社会化生产为方向，站在发达商品经济的起点上，必然在这"两化"上有所作为。

宜州市桑蚕产业初步形成了"种桑养蚕—烤茧—缫丝—织绸"为主的产业链，各环节之间的经济联系愈益密切。宜州市鼓励引导茧丝企业创办原料茧基地，全面提升其市场竞争力，促成蚕农、茧站、丝厂、科技人员形成利益共同体，包括采取"企业（公司）＋协会＋基地＋农户"的生产模式，走贸工农一体化新型桑蚕茧丝绸产业化之路。

宜州市致力于建设一批科学种桑养蚕示范村、示范镇，培育发展一批蚕农专业合作组织和桑枝食用菌专业合作社，力求在桑蚕优质原料茧基地建设上取得新突破。按照蚕农组织合作化，桑蚕优质原料茧生产规模化、标准化和生态化要求，宜州市规划扶持建设60个示范性蚕桑专业合作组织，在桑园栽培管理、桑园重大病虫害防控、消毒防病、蚕种供应、蚕种催青、蚕沙处理、出售蚕茧等生产经营环节上相互协调、互相合作，统一养蚕技术规程。②

（四）科教兴业

依靠科技进步是提高桑蚕产业竞争力的生命线，这方面的基本目标是促进广西蚕业科技服务体系与农民培训机制的形成。

---

① 《宜州市桑蚕茧丝绸产业循环经济发展喜人》，广西宜州商务之窗，2013年2月19日。

② 《广西蚕桑茧丝绸产业循环经济（宜州）示范基地建设方案》，转引自《广西壮族自治区人民政府办公厅关于印发广西蚕桑茧丝绸产业循环经济（宜州）示范基地建设方案的通知》（桂政办发〔2010〕86号）。

1. 为了依托科技推进宜州市桑蚕茧丝绸产业的发展，宜州市开展了桑蚕茧丝绸产业研发中心建设

通过自主研发、技术引进、科技招商、科技成果孵化，全面提升桑蚕茧丝绸产业技术水平和经济效益。积极引进大专院校、科研院所、企业相关科技人员进入研发中心工作，走产学研结合之路，推进科技创新体系建设。以广西蚕业技术推广总站、广西大学、广西农科院、广西科学院、河池学院、浙江大学为依托，促进区内外高等院校、科研院所围绕桑蚕茧丝绸产业发展的技术需求，开展对口研究，在河池设立科研工作站或产学研基地，使研发中心在桑蚕茧丝综合利用工程技术方面具有全区乃至全国的先进水平，具有高新技术研发、科研成果应用转化、高层次科技人才培训和学术交流等多方面的功能。引导和支持骨干企业与区内外高校院所建立全面的产学研战略合作联盟。2009 年 9 月 28 日，“桑蚕茧丝产业技术创新战略联盟”试点工作在宜州市正式启动，这是广西第一个产业技术创新战略联盟，同时也是全国第一个桑蚕行业的产业联盟。该产业联盟着重解决茧丝深加工、桑蚕综合利用等关键技术。

2. 科技示范和科技创新服务体系建设

宜州市努力建立和完善市、乡、村三级科技服务网络，开通科技网络终端站点和农村党员远程教育网络，抓好乡、村级本土人才培养，大力推广新品种、新技术。聘请国内外专家到宜州市开展蚕业技术培训，传授种桑养蚕新技术。科技部门建立科技示范点，发挥科技示范作用，直接涉及村屯和农户，以科学种养模式带动农户规范化种桑养蚕。大力推广蚕、桑优良新品种以及高产优质、省力化的桑蚕种养适用新技术，强化小蚕共育管理，抓好蚕桑病虫害综合防控、鲜茧测产等生产监控工作，促进全市优质桑蚕原料生产基地持续健康发展。力争全市桑、蚕良种推广率达到 100%，方格蔟推广率达到 100%，小蚕共育推广率达到 80% 以上。

3. 实施“四大”科技工程

（1）优桑工程。加强桑品种的引进和创新，开展桑树病虫害防治技术研究，示范推广种桑新技术，建立高效优质桑园示范基地，提高桑叶的产量和质量。

（2）优茧工程。着力在蚕品种引进创新、蚕病防控等方面加强技术集成和指导服务。采用规范化养蚕模式，营造良好的养蚕和营茧环境，提高蚕茧的产量和质量。

（3）优丝工程。着眼于技术升级和产品创牌，着力在自动化烘烤、缫丝、织绸工艺技术上突破创新，研究和开发茧丝绸名牌产品。

（4）桑蚕综合利用工程。着重在废弃桑枝条、蚕蛹、蚕沙、生丝副产品等方面实施技术攻关，促进循环经济产业发展。

4. 强化人才培养和技术培训

一方面，通过加强“人才小高地”建设等形式，加强与区内外高等院校、科研院所的技术交流与合作研究，加快蚕桑茧丝绸专业技术人员的引进与培养，进一步提升产业科技支撑能力，提高产业发展的技术创新水平。改善基层桑蚕专业技术人员的工作、生活条件，留住人才、用好人才，充分发挥科技人员在振兴产业中的重要作用。另一方面，组织开展多层次、多形式的专业人员继续教育、非专业人员转岗培训、农村技术辅导员培训等，使每个养蚕户有一个科技“明白人”。加快建立一支业务精、技术强、素质高的专业技术队伍，全面提高蚕桑病虫害防控、市场信息、技物配送、茧丝精深加工、蚕桑资源综合开发利用、出口贸易、经营管理等工作水平和服务能力。

5. 科学制定规划

对宜州市优质原料茧标准化生产示范基地（村屯）、配套蚕种场建设以及资源综合利用、丝绸工业园区完善升级、丝绸贸易流通等方面进行科学论证和规划，开展桑蚕产业技术创新战略研究。进一步调查了解桑蚕产业技术创新情况、缫丝及丝绸企业情况以及缫丝用水及污水处理情况，研究行业技术发展趋势和产业技术路线图，建立桑蚕产业数据库，制定产业技术地方标准，编制与国家五年规划年度一致的桑蚕产业技术发展规划实施方案。

（五）发展循环经济

承接老产业，做出新文章。宜州市承接产业转移应注入创新“因子”，对东部茧丝绸产业的承接实行因地制宜，推陈出新，与时俱进，科学引领。宜州市经济开发区在承接东部产业转移中抓住“东桑西移”机遇，选择发展桑蚕及丝绸产业，可谓找对了路子；而选择发展循环经济模式做大做强做优桑蚕这个富农产业，则找准了方向。这样，就使承接东部产业转移与建设资源节约型、环境友好型社会，以及加快经济发展方式转变、培育新的经济增长点结合起来。

宜州市的循环经济从农业与加工业两条战线进行。农业战线推进蚕桑资源综

合循环利用，在促进蚕桑资源循环利用上取得新突破，抓好桑枝、蚕沙、下茧、蚕蛹等大宗副产品的开发利用。扶持宜州市发展蚕桑资源综合利用企业10～13家，重点扶持宜州市建设3～5家大型桑枝食用菌加工企业，引进1～2家桑枝造纸、制板等生产企业，建设2～3家以蚕沙为主要原料生产有机肥、提取叶绿素的深加工企业，积极探索蚕沙无害化治理和商品化开发利用的路子。加工业战线运用制丝、织绸、印染、服装加工循环利用新技术，缫丝企业利用蚕茧下茧、废丝、蚕蛹和废水等，加工生产蚕丝被、蚕蛹饲料、蚕蛹食品和丝胶产品等，变废为宝，增加效益，废丝利用率达60%以上。①

目前宜州市桑蚕茧丝绸循环经济模式有以下几种：

1. “桑—菇—肥”模式

这种模式能直接带动农业多种经营。宜州市利用桑枝生产食用菌，以发展桑枝食用菌栽培进村入户和标准化、设施化为重点，进一步扩大桑枝食用菌生产规模。2012年，全市规模以上桑枝食用菌生产企业6家，生产菌棒6000万棒，产值1.8亿元，利用桑杆7.25万吨，占全市桑枝总量25万吨的29%；在庆远、洛东、洛西、屏南、石别、北牙、怀远、德胜、刘三姐、三岔10个乡镇建成大型标准化桑枝食用菌生产示范基地30个，先后引进和扶持宜源、黄龙、天成、洛西、六坡、合寨6家桑枝食用菌生产企业。②

宜州市天成菌业公司用桑枝条加工制成的菌棒来培育袖珍菇，而用过的废弃菌棒加工成肥料。宜州市桑枝资源丰富，桑枝栽培食用菌是延长桑蚕产业链、发展桑蚕循环经济的一条好路子。

2. “蚕沙—有机肥—叶绿素”模式

蚕沙是桑蚕生产中的排泄物，主要成分是蚕粪、桑枝叶、病死的蚕虫等，处理不当会将病菌传染给健康的蚕虫，并对水体和土地有很严重的污染作用。通过对蚕沙进行合理的处理和利用，既可以变废为宝，又保护了生态环境，一举两得。宜州市探索了创新工厂化和农村千家万户蚕沙治理两种途径与模式，有序推进了蚕沙无害化处理。每个乡镇在巩固原有村屯的基础上新增1个蚕沙治理示范

---

① 《广西蚕桑茧丝绸产业循环经济（宜州）示范基地建设方案》，引自广西壮族自治区人民政府办公厅《关于印发广西蚕桑茧丝绸产业循环经济（宜州）示范基地建设方案的通知》，桂政办发〔2010〕86号。

② 《宜州市桑蚕茧丝绸产业循环经济发展喜人》，广西宜州商务之窗，2013年2月19日。

屯（养蚕户在30户以上），其中庆远、石别要重点治理六坡、土桥水库周边养蚕村屯。全市新建屯级蚕沙池20个，带动农户修建蚕沙池800个，促进桑蚕产业持续健康发展。宜州市探索了蚕沙治理社会化管理模式，变废为宝，提高了桑蚕资源利用率，壮大了桑蚕循环经济产业。[①]

广西舜泉蚕业科技发展有限公司是全国最大的蚕沙综合利用企业，该公司利用蚕沙生产有机肥、叶绿素等产品。原本一文不值的蚕沙经过发酵—粉碎—过滤—再粉碎—造粒—烘干—装袋，最后成了一袋袋市值2000～3000元/吨的有机肥，成为发展生态农业重要的生产资料。[②]

3.“茧—丝—绸”主产业催生的循环经济模式

广西嘉联丝绸有限公司综合利用已经抽完丝的蚕茧，分离出蛹加工成高蛋白产品，蛹衬经过处理后与在制丝过程中被淘汰的双宫茧等“废物”一起加工制成蚕丝被。[③]

宜州市通过建设桑蚕茧丝绸产业循环经济示范区，努力走出一条资源消耗低、带动力度强、经济效益好、生态环境优的桑蚕茧丝绸产业新型发展道路。

（六）带动一个产业支撑体系的建立

一个产业要兴旺起来，就要有各种配套条件的建立与完善。除了建立科技服务与培训教育体系之外，还需要在流通、金融等方面建立和完善支持该产业的服务体系。

应全面开放蚕茧流通市场，打破独家蚕茧经营部门或者是丝绸企业垄断收购经营的鲜茧收烘体制。至2012年，宜州市参与蚕茧收烘经营的主体主要有：个体茧站119个，茧丝绸加工企业80个，蚕茧经营公司43个。鲜茧收烘与市场管理采取的基本模式是：政府控管，量桑布点，持证收烘，价格放开，交易自由，定额收税，巡回检查。

建立茧丝绸产业的支撑体系包括如下工作：打造广西（宜州）茧丝绸贸易中心，培育茧丝绸实体交易市场体系，营造良好的市场秩序，建立茧丝绸质量检测中心和茧丝检测实验室，完善广西茧丝电子交易市场。通过广西茧丝交易市场

---

① 《广西宜州推进桑蚕茧丝绸循环经济示范基地建设》，《中国纺织报》2013年3月11日。

②③ 张静媛：《宜州经济开发区：让桑蚕富农产业循环起来》，广西新闻网，2010年8月8日。

和宜州茧丝绸贸易中心的联动作用，在南宁、柳州等其他茧丝主产地建立2～3个以茧丝实物交易为主，具有仓储、配送功能的交易市场，完善支持茧丝绸产业发展的金融政策、融资服务体系、税收优惠政策体系、政策性农业保险体系，探索建立茧丝储备机制，建立和完善蚕业抵御风险机制。这些工作要做得好、做得到位，体现市场经济水平的全面提升。

二、“竹乡”生态型产业发展范例

（一）综述

广西桂林市兴安县华江瑶族乡产业发展的总体思路是实施“生态立乡、竹业富乡、旅游文化名乡”的科学发展战略。

生态立乡的依据：华江瑶族乡境内的猫儿山是世界风景名胜城市桂林的母亲河——漓江的发源地，“科学保护漓江源，建设美好生态家园”必然成为整个桂林的生态目标。配合这个目标，华江乡制定了《华江瑶族乡保护漓江源生态环境的有关规定》，实施禁伐、禁采、禁渔“三禁”并举。组织党员干部举行“科学保护漓江源清洁活动”和“保护母亲河——10万尾鱼苗放生漓江源活动”，在各村党支部党员干部中组建环保队，制止随意倾倒垃圾等有损环境的行为。在招商引资中，拒绝引进对漓江源有影响的企业，同时迁移对漓江源有影响的企业。

华江瑶族乡产业选择的宗旨是：既要保护漓江源的生态，又要确保农民增收，实现生态效益与经济效益同步发展。为此，有如下生态型产业选择：

华江乡的自然条件是：平地少、光照不足，农作物种植效果不好。华江曾是以生产用材林杉树为主的民族乡，由于杉树生长期长，随着人口增加，群众急于脱贫致富，无法满足当地的经济需求。在自然选择下，毛竹业成为全乡农民的发展重点，华江致力于竹林培育、加工利用、竹业旅游共发展的生态林业综合开发。这里成为中国毛竹之乡、全国十大毛竹生产加工基地之一。为提高生产效率，华江乡采取了如下措施：①以乡党校、“农村课堂”、党员电教、毛竹低改示范基地为载体，对党员群众进行毛竹低改技术培训。②成立毛竹低改及扩种领导小组，建立领导干部联系点制度。③通过党员示范户、中心户典型示范带动广大群众实施毛竹低改，提高毛竹亩产根数。在发展毛竹生产的基础上，引进多家科技含量高、经济效益好、资源消耗低、环境污染少的竹制品加工企业，开展自主创新和引进关键技术，实施品牌战略，打造系列知名品牌。华江现已拥有毛竹加工企业上百家，40 多种产品畅销国内外市场，全乡基本形成了“山上建基地、山下搞加工、山外拓市场、科技创高效”的产业格局。近年来，毛竹种植及加工业占全乡工业总产值的60%，毛竹产业收入占农民人均收入的 70% 以上。

旅游业是依托山林、少数民族文化、红色遗址等资源优势的产业。华江按照“旅游文化名乡”的发展战略，被列入大桂林旅游圈精品线路，并引进新加坡超然派旅游公司 1.2 亿元的投资等项目。旅游景点所在的高寨村建立了农民旅游协会，通过示范户带动群众发展农家乐旅游。原来自产自销的木耳、香菇、山薯、蕨菜、竹笋、野生鱼、竹林鸡、米酒、腊肉等土特产变成了游客们津津乐道的美味佳肴。生态型的食宿条件吸引邻近的桂林市民将这里作为度假胜地，华江成为桂林市的后花园。华江乡瑶族风情浓厚，又是红军长征所经历的不平凡之地，集民俗文化和红色文化于一身。华江一方面着力构建瑶族文化舞台，政府扶持兴建瑶族风情园，将非物质文化遗产琅鼓舞、贺郎歌、瑶族原始祈福师公舞、祭春礼、瑶家特技表演进行展示和传承，将“瑶绣”作为桂林旅游工艺品之一推上旅游市场。另一方面，扎实推进红色文化建设，完善了红色文化景点基础配套设施，对红军标语楼、红军路、红军桥、红军亭进行修复，建立革命传统教育基地和老山界长征纪念馆。可由村级集体发展的文化娱乐活动，就是成立本地青年自己的歌舞队，或自编自导，或引进外部的优秀剧目，其原汁原味的瑶族歌舞、富有乡村民俗特色的节目（现在已有《采茶舞》、《竹海情》等），增强了旅游的文化含量。

鉴于华江瑶族乡承担着保护漓江源头的重任，华江对产业发展必须要有限制。根据《广西壮族自治区漓江流域生态环境保护条例》，华江理应享受生态补偿。其具体形式为政府资助实施如下建设项目：①完善林区道路的修建，修建必需的林道用于提高毛竹运输效率。②建设山区自来水工程。③建设村寨公共厕所。④在旅游覆盖的村寨安装太阳能节能型路灯，以改善环境。

（二）企业

华江乡工业园区落户了江西康达集团公司，其是我国竹地板行业集研发、生产、销售于一体，引领行业潮流的集团化龙头企业。在国家旅游自然保护区——猫儿山脚下，康达集团投资3000多万元，建立了桂林亿翔竹制品有限公司，由洞上半成品厂、华江半成品厂、成品厂组成，形成了年产40万平方米竹地板的生产规模。

华江毛竹从20世纪80年代中期开始，现已发展到100多家企业。企业虽多，但规模小，企业普遍缺乏经济实力，没有能力搞产品研发、质量管理、商标注册与宣传，也未实行现代企业管理制度，产品品种单一，停留在粗加工状态，科技含量低，生产成本高，资源利用差，市场竞争力弱。而亿翔公司以一种全新的方式对毛竹综合利用进行深加工，实现了由同量的资源取得2倍以上的经济效果。

亿翔公司的产品不仅迎合了市场“以竹代木”的发展趋势，更注重品牌的竞争。该公司生产的“通贵”牌竹地板在2007年“我最喜爱的竹地板”网络投票中以43%的投票率遥遥领先于同行业产品。在2008年北京奥运会的奥运场馆竞标中，亿翔公司的“通贵”牌竹地板脱颖而出，当选为奥运场馆唯一指定竹地板。这一成功更加激励公司朝着“树百年品牌，奠百年基业”的目标迈进。

（三）乡村

华江瑶族乡同仁村党总支以新农村建设为主题，以创建风景秀丽、生态宜居的全国文明村为目标，首先抓好产业强村促致富，发展毛竹种植、加工及生态旅游综合开发。同仁村先后引进投资建成龙潭江和界脚湾两大县级重点生态旅游项目。群众还在竹林中建茶座、养竹林鸡，构建“清泉房前绕，翠竹屋后环”的绿色小康家园，发展农家乐旅游。

近年来，同仁村党支部“高奏民生交响乐，描绘农村新画卷”，积极组织群众完善基础设施。具体来说，开展各个自然村的道路硬化及双江口水渠的硬化，实现村村通水泥路。建设桥梁，实施人畜饮水工程，缓解了群众行路难、饮水难的局面。为创建国家级生态文明村，加强了村容村貌的整治，党员带动村民清理门前屋后的垃圾，让山变绿、水变清、路变宽、村变新。

同仁村还组建起三支老中青文艺队，向游客展示了原生态的文艺演出。同仁村在小学开办瑶族语言兴趣班、刺绣和民族乐器学习班，从小培养孩子民族团结和传承民族文化的观念。

同仁桐子坪村成为新兴“乡村旅游”村。该村旅游业稳步发展，旅游年收入达130多万元，村里的劳动力现在都不用去外面打工，而是留在村里养土鸡土鸭，种植无污染绿色蔬菜，接待慕名而来的游客，年人均收入近8000元，改变了村里农民以往种植毛竹及进厂务工的经济来源模式。村里计划开辟“农业旅游”项目，让游客在生态型食宿条件下居住，在农民的茶山上采茶、到鱼塘边钓鱼，体验“桑麻之乐”，并把村里的“绝活”——反面刺绣当作旅游产品销售给游客。

（四）发展的制约

1. 毛竹生产的制约是：病虫害多，农药价格上涨

在家庭经营状况下，毛竹的砍伐、看守都要请帮工，雇工价格年年上升，生产成本提高。而毛竹本身的价格却在市场价格体系中有下降趋势。全国毛竹加工制品的生产之地不断增加，商品市场竞争日趋激烈。原有的竹串（用于烧烤）主要出口东南亚，市场越来越不看好。预期市场好的竹窗帘正在开发中。在竹制品生产上，关键在于产品设计、生产工艺、高效包装，实际上竹制品的市场竞争就是科技、知识与技能的竞争，这是所有欠发达地区面临的问题。华江民族乡不算贫困，但显然称不上发达。

发展林下经济，还找不到有吸引力的门路。①老品种当中的香菇、木耳、罗汉果，各地的同类生产不断兴起，早已没有了市场优势。②新品种当中的紫茱、草珊瑚等，目前经济效益与社会效益都不够，群众接受的不多，对这些品种的发展意识不强。③特种种养。植物品种主要是景观苗木，有美国、日本的红枫，成本高昂，要精心护理五年才能出售，而且要靠中间商来完成种苗供应与成品销售，许多农民难以接受这样的长期投资。动物品种有竹鼠、中华鲟（华江山区水好，养殖成功），但专业技术要求很高，生产者要有长期的耐心与钻研精神，从而对这类品种的发展形成高门槛限制。

2. 生态环境保护越来越完善，但仍然有漏洞

目前林木盗伐、动物盗猎很少，现在主要是擅自采集河沙、制砖用的页岩矿

粉，它们本身不是生态产品，主要是采集过程中需要采取耗费较大、技术较强的环保措施，人们做不到，但受利益驱动还是要采集，而乡政府应对这类环保问题已力不从心。

突破上述发展制约的根本之策，就是提高人的素质，包括：①有对家乡生态环境高度的珍爱之情与有利的维护、改进行动，并不断提升自觉性。②根据培育优势的需要，经济发展举措越来越由短平快转向长远的、战略性的项目，这就要求当事人有战略眼光。③有越来越强的科技兴乡意识，无论是自己发展还是借助外来投资，都要使经济活动的智力含量更强，能在科技支撑下完成高难度的产品生产。

三、金秀的“山水产业”发展

金秀瑶族自治县隶属于来宾市，位于广西中部偏东的大瑶山主体山脉上。自治县辖3个镇、7个乡，按2014年数据，总人口15.46万人，瑶族占总人口的34.8%。

（一）“山水资源”是经济发展的生态基础

金秀瑶族自治县是欠发达的民族地区，经济发展的产业基础不强，但生态基础好，这是实现生态文明跨越发展的有利条件。

从广义上来说，“山水资源”就是自然地理条件，且灵山秀水孕育了优良的人文资源。这里所说的生态产业、生态旅游，是取其狭义，即基本依托山水这样的自然生态资源来发展的产业或旅游。

1. 优越的自然条件

金秀拥有“广西最大水源林区”、“国家级珠江流域防护林建设源头示范县”、“大瑶山国家级森林公园”、“大瑶山国家级自然保护区”等称号，自然条件非常好。

（1）山地多，森林覆盖率高。金秀县山地面积占县境土地总面积的73%，境内除北部三江乡东北缘属架桥岭余脉外，其余均为大瑶山山脉所盘踞。该县海拔在500～1979米，整个地势中间高，四周低，中部为中山、低山，四周边缘为丘陵、河谷、台地和小片平原，海拔在115～500米。该县生态环境保护得非常好，截至2015年，金秀县总面积2518平方公里，森林面积329.35万亩，森林覆盖率达到87.34%，其中水源林面积158.59万亩，年产水量达25.7亿立方米。

（2）水系发达。金秀水系属珠江流域西江水系。全县主要河流有26条，总长1879.4公里，河流密度达0.74公里/平方公里，26条河流呈放射状流入周围各县，主要有金秀河、长滩河、滴水河、长垌河、古麦河、六巷河、盘王河等。

（3）生物资源丰富。金秀大瑶山地处南亚热带向中亚热带的过渡地带。截至2009年，有维管束植物213科870属2335种，植物种类居广西之首。其中，国家一级重点保护植物7种，二级重点保护植物17种，国家一类珍贵树种4种，二类珍贵树种11种。陆栖脊椎动物373种，其中国家一类保护动物4种，二类保护动物22种。昆虫资源也极为丰富，有21目168科570属853种，其中珍稀种类有14种。经科学家鉴定，金秀县还有27科83属144种大型真菌。金秀是仅次于西双版纳的全国第二大物种基因库，被专家誉为“万宝山”和“碳库、水库、氧库、物种基因库”四库资源大县。

依托生物资源，金秀有丰富的土特产，如名贵药材灵芝、茶中珍品石崖茶、保健用饮品绞股蓝茶、高级天然香料灵香草等。

2. 文化底蕴深厚

金秀瑶族自治县被誉为“世界瑶都”，是全国最早成立的瑶族自治县。这里的瑶族有盘瑶、茶山瑶、花蓝瑶、山子瑶和坳瑶五个支系，是世界瑶族支系最多的县份和瑶族主要聚居县之一，瑶族文化、民俗风情保存得十分完整。可开发瑶族歌舞音乐、瑶族服饰文化、瑶族刺绣、瑶族美食特色菜、瑶族医药保健和养生产品、瑶家游和农家游等多类项目。人类社会学家费孝通先生曾说过：“世界瑶族研究中心在中国，中国瑶族研究中心在金秀。”由此构成金秀发展特色产业的人文资源。

3. 优良的自然养生环境

金秀县境内海拔较高，年平均气温17.7摄氏度，夏无暑热、冬无严寒，气候宜人，空气清新，负氧离子含量高（每立方厘米最高达6.6亿个，能增强人体抵抗力，促进新陈代谢，缓解支气管哮喘，稳定血压），被誉为“岭南避暑胜地”和“人世间之桃源仙国”。

在金秀县15.46万人口中，年龄超过100岁的老人有14名，90岁以上的老人有378名，80岁以上的老人有2144名。按照联合国规定，“长寿之乡”的标准是每10万人拥有百岁寿星7.5人，2012年10月28日金秀县全票通过专家评审团的评审，成为长寿链条持续延伸的“长寿之乡”。

（二）依托“山水资源”的产业发展

依托“山水资源”发展产业，产业结构的调整呈现农业比重上升、工业比重下降、服务业比重占首位的状况。全县三次产业结构由2010年的29.9∶29.7∶40.4调整为2016年的30.1∶25.2∶44.7，反映生态经济优先发展的状况。[①]

1. 以良好的生态资源为基础发展第一产业

增强农业文明本身的生产力，是迈向生态文明的基础。2013年，金秀瑶族自治县完成粮食作物种植面积16.22万亩，粮食总产量4.71万吨。糖料蔗种植面积达5.03万亩，总产量26.48万吨；全县水果总面积3.68万亩，总产量3.88万吨；山内的茶园总面积达3.41万亩，干茶总产量达534吨。培育了4家市级农业产业化重点龙头企业，成立农民专业合作社80多个。水产品总产量1585吨，有大鲵规模养殖场6个，存池大鲵16.5万余尾。全县建有3个鲟鱼养殖示范点，存鱼2.7万尾。2014年，金秀县分别在长垌乡、头排镇应用短穗扦插技术，繁育罗香白牛茶、六巷古茶2个原生茶品种。建立茶叶标准化种植技术示范基地1040亩，辐射面积13354亩，茶农年人均增收295.87元。2015年，金秀瑶族自治县农林牧渔业总产值由2010年的8.14亿元提高到12.81亿元。对比2010年，水果面积增长124%，产量增长49%，茶叶面积增长231%，产量增长49%。全县共有农产品注册商标67个，SC认证茶叶加工企业13家，成功申报“金秀红茶”地理标志产品，金秀红茶被确认为国家生态原产地保护产品。全县土地流转面积达43650亩，比2010年增长482%，成功建设30个现代特色农业（核心）示范区。

---

① 韦德斌：《生态文明助推民族地区持续发展——金秀瑶族自治县生态文明建设调研报告》，《广西日报》2016年12月20日。

2. 以“山水资源”为依托发展第二产业

跨越工业文明发展阶段，不等于放弃一切工业发展。金秀不适合大力发展工业化的成熟性产业——重化工业，但是依托“山水资源”来发展加工业是非常必要的。由于原有的小水电、粮食加工没有发展余地，为此，金秀县在2011年确定茶叶产业、矿业、竹木加工业、天然饮用水产业、瑶医药产业、民族旅游工艺品产业为全县重点打造的六大产业，进而提升现有农产品深加工、木材加工和树脂生产等产业的科技含量，加快制药、旅游商品、健康食品及清洁能源等产业建设开发，打造环大瑶山现代产业示范带，逐渐发展形成以瑶族医药、健康食品、旅游商品、新能源为主的生态工业体系。

2015年，全县实现工业总产值11.26亿元，年均增长2.5%。万元工业增加值能耗比2014年下降11%，高耗能行业比重比2014年下降1.9个百分点，高技术产业比2014年增长16.9%，高于规模以上工业增速9个百分点。

3. 以生态旅游为主发展第三产业

旅游产业是民族欠发达地区最能利用山水资源、提升自身经济与社会发展的产业，金秀立足生态旅游发展经济，避免了工业化带来的环境破坏。截至2015年，金秀县第三产业占GDP的比重达到44.7%，比2014年增长9.7%。2013年，金秀瑶族自治县接待游客180.19万人次，旅游总收入8.2亿元。2015年，金秀县旅游总收入又比2014年增长25%，电子商务交易额比2014年增长1.2倍。接待游客总人数和旅游收入分别年均增长18.2%和27.8%。这一年全县建成国家4A级旅游景区3个，3A级旅游景区3个，广西农业旅游示范点3家，星级农家乐18家，四星级乡村旅游区1家，星级酒店6家，其中五星级酒店1家。“十二五”期间累计接待游客908.47万人次，实现旅游收入49.17亿元，比“十一五”时期分别增长503%、766%。

（三）“山水资源”产业发展的主要生态举措

1. 景区与民族村寨相结合发展生态旅游

金秀以创建“广西特色旅游名县”和“大瑶山地质公园”为契机，全力打造乡村生态旅游产业线，提升莲花山—圣堂山精品旅游线路品质，初步形成由瑶族博物馆、莲花山景区、圣堂湖—圣堂山景区等特色景区、银杉公园、二龙河漂流以及孟村瑶寨、金村瑶寨、古占瑶寨、溶洞瑶寨、青山瑶寨等10多个瑶族特

色村寨组成的“大瑶山生态民俗旅游带”，莲花山成为来宾市唯一的4A级景区。这些生态旅游重点建设村屯已经成为名片，吸引八方宾客前来扎寨露营、旅游观光。

结合当地民族山区农村特点，金秀以一点、两线、三片区为基本布局，勾勒出一幅生态瑶都的美丽画卷。一点，即每个乡镇至少打造一个民俗风情示范点；两线，即特色农业产业线和乡村生态旅游产业线；三片区，即金秀镇六段生态观光茶园片区、忠良乡天堂山旅游片区、六巷乡生态自驾旅游片区。金秀镇金村屯这样的示范点具备了生态民族观光、民俗歌舞绝技展演、民俗风情体验等功能，成为富有瑶族文化气息、民族风情浓郁的新农村。

2. 以生态产业为基础打造生态乡村

金秀县推进清洁乡村活动，陆续开展保洁员设置、划拨清洁乡村活动经费、购置垃圾箱和垃圾桶等环卫基础设施、建立乡级中小型垃圾焚烧炉和垃圾处理中心。在乡村建设方面，进行村屯绿化、巷道硬化、饮水净化等建设。在产业发展方面，按照“山外发展水果，山内发展茶叶”的思路，做好优质水果产业带、野生茶叶产业带、生态林业产业带和高端食品品牌的“三带一品”建设，在三江乡、桐木镇分别建设自治区现代特色农业核心示范区和水果示范园，在山内乡镇建设野生茶育苗基地和茶叶种植示范园，目前已形成一批基础较好、具有示范带动的县级村屯“生态乡村”示范点。

3. 积极实施生态公益林补偿制度

由于森林生态效益具有外部性和公共物品的特性，其价值很难通过市场机制得以实现，即森林经营者虽然给第三方带来生态利益，但无经济回报。这样就会打击其积极性，后果是森林资源的工业化利用程度增加，森林覆盖率逐年降低。为了实现森林资源的可持续发展，国家采取了森林的生态补偿制度。金秀县森林面积329.35万亩，森林覆盖率达到87.34%，其中生态公益林总面积为181.48万亩（权属为国有的有68.17万亩，其中大瑶山保护区面积为38.23万亩、国有林场面积为29.94万亩，权属为集体和个人的生态公益林面积为113.31万亩），金秀县积极实施生态补偿制度，权属为国有的生态公益林补偿标准为14.75元/亩，权属为集体和个人的生态公益林补偿标准为14.75元/亩，补偿无差别，从而有效提高了森林的保护力度，也为金秀县的森林生态保护提供了经济支持。

（四）金秀瑶族自治县生态文明建设的支持条件

1. 县政府的生态建设理念

金秀县政府确立生态立县，以打造“生态瑶都”为生态建设目标，正确处理经济发展与生态保护的关系。各届政府领导的统一理念是：宁可发展慢一点，也要把生态环境保护好。为切实保护好金秀这座“绿色水库”和“天然氧吧”，使瑶山的山常青、水常流，该县付出了艰辛的努力和巨大的代价，顶住了财政收入减少、农民收入下降、财政支出压力加大等困难，坚持做好生态建设和保护工作。县委、县政府还从战略的高度大力实施县城环城生态绿色景观，加强对民族文化保护整理和开发利用的力度。先后编制了《大瑶山风景名胜区总体规划》、《大瑶山森林公园总体规划》、《大瑶山国家级自然保护区总体规划》和《大瑶山生态旅游区旅游资源开发与自然生态环境保护项目规划》。

2. 上级政府考核指标的改变

2008 年以前，上级考核的重点是 GDP、财政收入、工业化指标，2008 年之后，在时任来宾市市委书记张秀隆的领导下，金秀县的考核指标改变了，生态环境保护成为首要指标，分值为 25，占总分的 12.5%，旅游产业指标分值为 25，城镇化指标分值为 15，其他各项指标均在 10 分以下。[①] 这种符合县情的差别考核给金秀解除了追求经济总量的压力，金秀得以集中精力根据本县的实际发展生态经济。

3. 国家的财力支持

由于良好的生态基础和县政府坚持生态发展理念，金秀县获得了国家生态功能区建设的财政转移支付。根据国家环境保护部、财政部《关于开展 2016 年国家重点生态功能区新增转移支付县域地表水水质、集中式饮用水水源地水质、环境空气质量监测点位/断面及污染源名单认定工作的通知》（环办监测函〔2016〕1711 号文件），金秀县成为 2016 年国家重点生态功能区新增转移支付县。[②] 金秀

① 《官员政绩不考核 GDP，珠江水系上游广西金秀生态立县》，中国新闻网，http：//www. chinanews. com/df/2011/03 -09/2892356. shtml。

② 《金秀县进入国家重点生态功能区县域生态环境质量考核名单》，金秀瑶族自治县门户网站，http：//www. jinxiu. gov. cn/html/Article/show_ 5965. html。

县政府成立了以县长为组长，相关单位主要负责人为成员的县域生态环境质量考核工作领导小组，各相关单位均明确具体的责任人。国家重点生态功能区县域生态环境考核自查工作由环保部统一部署，并对各地上报的自查情况进行综合考核，财政部根据考核结果对生态环境明显改善或恶化的地区通过增加或减少转移支付资金等方式予以奖惩。

四、发展生物能源产业的设想

（一）发展生物能源产业的生态意义

从20世纪末兴起的生物产业包括生物制药、生物农业生产资料、生物工业制造、生物环保、生物能源等多种门类。其中，生物质能源产业是民族地区可选择的主要产业。在桂滇民族地区文明形态跨越发展中，努力发展这类产业具有极为重要的意义：①这类产业是高新技术产业、新兴战略性产业，代表了经济发展前景，是世界性的朝阳产业，从科技上总体超越了工业经济时代。这类产业的产品就是新能源，它将引导人类走出化石能源的圈子，从长远看，人类社会必然要以“绿色能源”逐步替代“黑色能源”，也就是用生物质能源替代化石能源。②这类产业是可持续的产业，其发展不是按照传统工业化模式那样从开发无机矿产资源开始，而是从开发可再生的生物资源开始，因而这类产业发展没有资源耗竭的前景，人们将不断运用永不耗竭的智力来深化自然资源开发。③这类产业是绿色产业，不会加重生态危机，而且是解决生态危机的重要产业措施。生物质能源产业是发展低碳经济、走向生态文明的突破口，是环保型的清洁能源产业与可再生资源利用的可持续产业，具有不可估量的长远意义。据中国石油化工科学研究院教授、标准起草人张永光介绍，与矿物柴油相比，生物柴油在有催化剂时可减少70%的二氧化硫、95%的一氧化碳、50%的二氧化碳的排放。使用生物柴油，不需更换发动机，且润滑性较好，可延长部件的使用寿命。其闪点在130℃以上，在运输、储存等方面有较高的安全性。它的十六烷值高，具有良好的燃料性能，又是一种可再生降解性较高的能源。④这类产业所依托的生物资源与南方类型的自然障区不但不矛盾反而相得益彰。西南民族地区可以不断维护、增进这个领域的资源优势，并且在许多扶贫工作中已经做了这项工作，有了发展基础。

（二）生物质能源产业的发展问题

1. 产业简介

生物质能源产业是生产“绿色能源”的产业，该产业分为两大类：一类是生物质燃料生产，另一类是生物质发电。

生物质燃料生产有两种方式：一种是将腐烂的有机物集中起来生产沼气，直接使用；另一种是用植物动物体内的有机质来生产燃料，主要产品是乙醇与生物柴油。原料来自甘蔗、玉米、木薯、棉籽、油料作物（如油菜籽）、木本油料果实（如油棕、油桐、膏桐、乌桕）、工程微藻、动物油脂（如牛羊皮油）、废弃餐饮油（通常说的地沟油、泔水油）、酸化油等。其中，膏桐俗名麻疯树、小桐子，是南方首选的木本油料作物。

生物质发电是用焚烧干燥的有机物来发电，能够大量用于焚烧的东西是农业废弃物和林业废料。已有的生物质发电使用了秸秆、甘蔗渣、稻壳。一般来说，农业废弃物用作生物质能源有两种选择，或者是生产沼气，或者是焚烧发电，选择标准是看它们是腐烂还是干燥。

对于西南民族地区来说，现时生产沼气更适宜于乡村同时解决能源、肥料与环境清洁三大问题，而作为能源产业经济应当是城镇下一步发展新能源的考虑。生物质发电应当由发达地区率先进行，闯出经验后再推广到欠发达地区的城镇。民族地区产业发展的眼光应当放在生物质燃料生产上面，将乙醇或生物柴油两类能源商品发展起来，直接带动“能源农业”的发展。①

2. 发展状况

世界很多国家都在致力于发展生物柴油，现代汽车燃料柴油化已是发展趋势，普遍使用方法是在石化柴油中添加2%～5%。资料显示，2011年世界生物柴油总产量约2050万吨，其中欧盟占51%，南美占24%，亚洲占13%。2013年生物柴油产量美国约350万吨，阿根廷约240万吨，巴西约230万吨。《油世界》

---

① 笔者将未来的农业按用途分为四类：食品农业、原料农业、能源农业、生态产品农业。这四类中的每一类都包含有种植业、林业、畜牧业、水产捕捞与养殖业、其他动植物种养培育。

发布的报告指出，2014 年生物柴油产量全球总量将达 2910 万吨。[①]

2013 年，中国生物柴油产量约为 109 万吨，年产 5000 吨以上的厂家超过 40 家，虽然当年中国生物柴油总产能已经超过 370 万吨/年，但产能利用率只有 40.33%，可见很低。其重要原因是，原料短缺成为大规模发展的“瓶颈”，原料的稳定和规模化供应是当前生物柴油生产发展的最大制约。生物柴油的原料油桐、棉籽有其他用途，而麻疯树、黄连木、光皮树、文冠果等油料林木的生产周期长，需要长期打算。2009 年我国有一大批生物柴油生产企业倒闭或处于停产状态，就是没有充分估计对原料的投资风险问题。因此，大力发展能源林业，建设木本油料植物原料基地，是中国生物柴油产业发展的根本保证。

海南在全国率先建成年产 6 万吨的生物柴油项目，并成为国内首个封闭销售生物柴油的省份，麻疯树种植面积达到 4 万亩，但相关企业没想到投资回报期那么长，资金链断裂后，政府的补贴政策又不到位，很快就选择退出，或改种其他作物。四川省曾经规划在 2010 年前在攀枝花市和凉山州等地建设 180 万亩的麻疯树基地，以及建成一座年产 10 万吨的生物柴油基地，但由于麻疯树果实先天低产，之后旱灾频发，管理又不到位，导致原料供应严重不足，柴油生产企业难以持续，美国贝克公司、英国阳光集团都退出投资，国内几大能源巨头计划搁浅。这种急功近利式的发展不可能使生物柴油产业具有可持续性。这就启发我们，今后发展生物柴油产业与建设能源林基地必须充分考虑各种障碍因素，绝不能盲目扩大规模，不顾科技水平与管理水平的提高而掀起“投资热、开发热”。凡是打算发展能源林的主体，都要重视学好国家林业局编制印发的《林业生物能源原料基地检查验收办法》和《小桐子原料林可持续培育指南》，规范能源林的种植。

3. 生产成本

当前制约生物质能源生产的因素是成本。对于少数民族地区，往往将甘蔗、木薯等作为原料出售比做成酒精出售更合算。现时期生物柴油在炼制成本上远远高于石化柴油，然而，这一比价完全是建立在忽略生态代价的基础上的。石油资源是不断走向稀缺的不可再生资源，未来的石油只能越来越宝贵，而当前维护石油供应的间接代价更是难以计量。考虑长远利益的发达国家，如欧洲国家的燃油

① 《生物柴油发展的喜与忧》，中国石化新闻网，2014 年 7 月 22 日。

税高达100% ~250%，由于对生物柴油免去了95%的税负，通过税收杠杆的调节，可使生物柴油和石化柴油站在同一起跑线上。

（三）民族地区生物质能源产业的发展措施

1. 农林并举

发展民族地区生物质能源产业可采取农林并举的发展战略，即农业方面依托甘蔗、木薯两类农产品，发展乙醇酒精，林业方面依托木本油料发展生物柴油。前者能够使生物质能源产业带动商品性农业，后者能够使生物质能源产业与生态建设相结合。桂滇民族地区的农业人口比重偏大，需要靠有前景的农产品商品化生产项目带动农村经济。宜林山地多，发展林业任务繁重，一举多得才有利于保证林业持续发展。

国家发改委在2007年8月发布的《可再生能源中长期发展规划》中，广西与云南分别作为发展燃料乙醇与生物柴油的试点地区。广西侧重以木薯为乙醇生产的原料，云南侧重以木本油料植物为生物柴油生产的原料。

农业提供能源产品原料，广西优势天成。广西具有地处热带、亚热带的丰富生物资源，有生产甘蔗、木薯的产业基础。甘蔗是生产生物质能的主力军，广西拥有全国最大的甘蔗种植面积，产量占中国甘蔗产量的比重约65%。现在是用纤维素生产酒精，如甘蔗的蔗渣。广西每年有蔗渣干重约700万吨，大概能做150万~180万吨的酒精。[①] 木薯种植适合广西丘陵坡地山地多的特点，在贫瘠土地上就可生长，没有与农业抢地抢粮食的问题。2012年广西木薯种植面积237.5千公顷，占全国的70%；产量180.33万吨，占中国木薯产量的比重超过75%。[②] 广西以木薯、甘蔗为原料生产酒精的企业或车间已有100多家，已经在北海投产年产20万吨木薯燃料乙醇项目，其他项目正在建设，有了初步的基础。柳州非粮生物质发电厂于2010年2月建成投产。木薯、甘蔗加工燃料酒精还未得到大量利用，广西是全国第一个使用非粮车用燃料乙醇的省区。今后要在生物质源产业发展规划中更多地开发甘蔗和木薯燃料乙醇、酒精生产技术，建设这类企业。

云南的气候、海拔和大面积的山地很适合麻疯树的种植，并有几千万亩荒

---

① 《广西生物质能源产业发展，中国专家“把脉”》，中新网，2012年3月24日。

② 李扬瑞：《甘蔗作为生物质能源作物的潜力分析》，《西南农业学报》2006年第4期。

山、荒地。云南省林业厅于2006年1月成立了林木生物质能源领导小组，在组织有关专家深入调研的基础上编制了《云南省林木生物质能源——生物柴油原料林发展规划》，计划到2020年全省要重点扶持培育一批生物柴油原料林基地，种植麻疯树1000万亩。2007年，国家林业局和中石油公司共同投资，在云南建设40万亩林业—中石油林油一体化生物柴油（麻疯树）能源林示范基地项目。云南省还将与中石油公司在麻疯树基地培育、原料种子收购及加工等方面展开合作。

2. 科技领先

能源林建设不是一般的植树造林，必须提升整个生产的科技含量，不断改进种植技术、提高成品质量、优化产业链条、搞好标准管理。根据已有的发展教训来看，改变油料林木低产的生物特征、改变林木生长中管理养护不足的习惯是首要任务。对人工种植麻疯树要先进行技术改造，加强适生优良树种选育工作，优选高含油基因型种质资源，并有配套科学的栽培技术，将人工繁殖、脱毒苗生产与丰产栽培、管理技术相结合。四川省林科院负责的科研项目《西南地区麻疯树良种选育及规模化培育综合利用关键技术研究与示范》，其科研成果将改变能源林建设在经济上不成功的局面。云南省林业厅选定云南省林科院、中国林科院资源昆虫所、西南林学院和中国科学院西双版纳热带植物园四家单位作为云南省生物柴油原料林基地建设的长期科技合作单位。在麻疯树栽培技术方面，云南大学已获得2项中国发明专利。以科技进步为基础来解决能源林建设的经济效益问题，是使广大贫困地区的农民参与建设能源林基地的先决条件。

3. 产业化

生物质能源产业的发展应当按照开放经济的模式，外引内联，利用国外或地区外的市场与资源。炼制乙醇与生物柴油的工业企业，可以根据实际情况，从不同来源的投资中产生，而少数民族乡村则发展生物质能源的原料生产，建立淀粉、油料作物、木本油料基地。

发展能源林要用“两条腿走路”。一方面扶持农民开展能源林种植，另一方面鼓励企业发展自己的种植基地。前者能够达到利用国土资源、开发宜林荒山的作用；后者能够更有条件地进行科技开路，探索能源林种植的经济效益。企业的能源林种植取得经验后，可以向农民推广。农民参与能源林建设，使生物质能源产业的原料生产—成品生产—市场销售一体化，在不同程度上实现风险共担、收益共享，从而提高这一产业的总体效益。

对于西南少数民族石山地区来说，维护生态环境、治理石漠化十分迫切，发展旅游业十分有利，这些发展都与植树造林密切相关。要使石山地区供应生物质能源的原料，就要发展能源林。能源林建设与生态环境维护、旅游资源培育可以一举三得，在扶持措施上可以成为“三位一体”的建设项目。另外，发展能源林，离开农民的参与必然事倍功半。

以木本油料为主要原料的生物柴油应进行全产业链开发。以果实低产的麻疯树为例，麻疯果是生产生物柴油的主要原料之一，它的叶子可以做药，果皮可以做颗粒燃料，种皮可以做活性炭，种仁可以榨油，榨油剩下的油饼可做生物饲料，只有充分利用麻疯树，才能取得应有的经济效益。只要 1 亩麻疯树产果达 200 公斤以上，这个产业就具备可持续发展的前提条件。

国家林业局局长贾治邦曾说：“目前我国林地的经济产出平均每亩 20 多元，仅为耕地的 1/30。”而能源林每公顷收入可提高到 4500～7500 元（每亩 300～500 元），而且，由于能源的稀缺性和巨大的消耗量，能源林在总体上不可能出现卖难的问题。但是，上述能源林收入的预测，必须与综合利用产业化取得成效相联系。

4. 扶持发展措施

生物质燃料生产需要政府的扶持，扶持政策分为三类：第一类是能源林建设的政策扶持，林业部门经常性的政策补贴项目要向能源林基地倾斜，诸如低产林改造、林业苗圃补贴、林业贴息贷款等。第二类是生物质燃料生产的科技与教育扶持，国家对于生物质燃料生产技术的研究开发与技术转让费用给予专项补助，各级政府依据能实用、能推广的实际情况，出资开展农村专业户与企业相关人员的技术培训。开发、应用生物质燃料技术专利卓有成效的，国家要有奖励。第三类是对符合国家产业政策的生物质燃料产业进行投资，主要是针对以农林产品为原料、生产能源产品的企业，应设立优惠性贷款，给予贴息扶持，以及分阶段的减免税收优惠。

第八章　生态文明导向的城乡统筹发展

一、城乡统筹发展在文明形态跨越中的地位

1. 城乡统筹发展是马克思主义关于消灭城乡差别的思想在当前的具体实践

马克思主义关于消灭城乡差别的思想，是对未来公有制社会理想的一项具体构想，也是针对资本主义工业化扩大城乡差别的批判。早在《共产党宣言》中，马克思、恩格斯就主张“把农业和工业结合起来，促使城乡之间的对立逐步消灭。”① 恩格斯在《共产主义原理》、《论住宅问题》、《反杜林论》等著作中都论述道：“……通过消除旧的分工，进行生产教育，变换工种，共同享受大家创造出来的福利，以及城乡的融合，使社会全体成员的才能得到全面的发展；……”②在马克思与恩格斯的时代，资本主义工业化在推进城市扩张繁荣的同时，也造成农村的萧条衰落。结果就是将农村居民的发展排除于工业文明之外，工人和贫苦市民承受着工业文明带来的畸形片面发展。按照我们对马克思主义消灭城乡差别思想的理解，城乡差别有本质差别与非本质差别两类。本质差别是指文明（广义）程度的差别，是城市迈入工业文明而乡村停留在农业文明。非本质的差别则包括产业形态的差别、居住分布的差别、生态环境的差别，这些是难以消灭也不必要消灭的。而城乡文明程度的差别，主要来自城乡产业要素密集程度的差别与物质文化生活水平的差别。如果城市的非农产业与农村的农业都是资金密集型和知识密集型的，在此基础上城乡居民的物质文化生活水平达到同样高度，那就表明城乡本质差别已被消除。当代发达国家由于生产力高度发展，

---

①② 《马克思恩格斯选集（第一卷）》，人民出版社 1972 年版。

极大地缩小了城乡经济的差距，但也告诫发展中国家在推进工业化时不要重蹈发达国家当年的覆辙。

贯彻城乡统筹发展的方针正是马克思主义关于消灭城乡差别思想的实践，在我们当前开展工业化、城镇化时需要正确配合。而将城镇化视为仅仅是达到拉动内需、提高经济增量甚至是让政府土地财政增收、让纳税大户发财的手段，为此不惜搞粗陋的城镇化，则是丧失理想、缺少灵魂、只考虑眼前目标的表现，必将迷失方向。

2. 城乡统筹发展是正确处理三个文明的交汇点

自洋务运动开启中国近代工业化进程之后，在历史上城市对乡村具有统治地位、城市剥削乡村的对立状态中，又增加了文明形态的差异，增加了工业剥削农业的内容。在计划经济时期，发生在城市中的工业化发展体现着这里已经踏进工业文明（尽管是初级阶段），而广大农村则长期基本停留在农业文明状态中，只得到工业文明的“余光”。笔者下乡插队七年，到离开农村时还未见到村里用上电灯。只有电线杆上的广播，生产队唯一的手扶拖拉机、几台农药喷雾器等农具，才有工业文明的淡淡色彩。“文革”前后，在“思想革命化”的背景下，社会上普遍弥漫着贬斥工业文明、赞赏农业文明的观念，政策上尽量将小镇农村化，开展人为的“逆城市化”运动。我国长期以来城镇化远远滞后于工业化，除了经济体制、发展战略等原因之外，这种观念所形成的城乡安置政策也是重要原因。在其影响下的国民经济发展，迟滞了工业文明的扩散。

改革开放后，在大力推进工业化、城市化中，我们在发展模式上基本仿效西方的工业文明，未能对农业文明采取合理汲取精华的态度。现在看来，对于农业文明的特点，并不是要原样地保留它们，要在知识经济发展的基础上经过科学与技术的改造，使之具备现代化的特质，这将展现出生态文明的光芒。具体来说，不能只以工业方式利用自然力，还要善于用多种生态化的小型的方式利用自然力（如农家肥、生物防治虫害、精耕细作）；不能只要机器生产的工业制品，还应适当利用手工生产的工艺品；不能只要矿产来源的工业原料，还要尽量利用生物来源的农业原料；不能只用机械代替人的肢体，还要保留人体在大自然中的自我运动；不能只要体现工业文明的钢筋水泥楼宇，还要有体现农业文明的竹木泥石精美建筑，后者往往具有文化遗产属性并成为旅游业的人文资源；来自农村的生物质能源（如沼气），不能仅仅停留在农村，也要推广到城市。总之，不能产生彻底排斥农业文明、全盘接受工业文明的错误，在表面的经济进步背后出现社会与人的退化。

3. 城乡统筹发展是与中国工业化道路相配套的重要平台

中国工业化道路经过三个发展阶段，也使城乡中的文明形态演进出现三种状况：

（1）改革开放前的社会主义工业化道路阶段。为保障优先发展重工业，国家让农业为工业提供积累，为此实行工农业产品价格剪刀差的农业哺育工业政策与城乡严格隔离的制度。这样就强化了城乡二元经济结构，城镇化远远滞后于工业化，城乡差距有所扩大（20 世纪 70 年代末的城乡差距大大超过 50 年代初的差距）。如此，城市只能处于工业文明初级阶段，农村只能得到工业文明的“余光”。

（2）改革开放时期的工业化道路阶段。这个阶段开始于城市的市场化改革与农村的“大包干”改革，在发展模式上，实行出口导向型战略，大力发展中国的比较优势产业——劳动密集型产业与外向型经济。在前期，由于农村商品经济发展与开辟工业化第二条战线——农村工业化，发展乡镇企业，致使城乡户籍制度未变革条件下城乡差距一度缩小。但多数地方的农村，由于集体经济逐步空壳化，乡镇企业萎缩，个体经营的乡镇企业在市场经济中竞争力低下，农民由“离土不离乡”的乡镇企业工人变为城市外资企业与私人企业雇用的“农民工”，“人口城镇化”大大滞后于“经济规模的城镇化”，城乡差距重新扩大。除了苏南、珠三角等地的农村已经具备工业文明形态之外，其他地方的农村不知如何由农业文明迈进工业文明。

（3）近年来，一些新变化预示着工业化正在步入第三阶段。在发展模式上提出用信息化带动工业化，走新型工业化道路；强调扩大内需，以创新战略逐步替代“静态比较优势”战略，由劳动密集型产业为主向技术、知识密集型产业为主过渡；开展生态文明建设，进行循环经济与低碳经济的“绿色发展”。在科学发展观有关城乡统筹发展的指导下，开始解决第二代农民工转为市民的问题，对城镇化有所引导。如果能够及时将城乡统筹发展认真推进，城乡之间分处工业文明与农业文明的二元状态就可以解决。

在工业化的第三阶段，工业发展的驱动因素正逐步由规模驱动转变为创新驱动和产品结构驱动。如继续从外延上扩大工业规模，产能过剩会越发严重。工业化的转型使对农村输出劳动力与土地的依赖逐步降低，也就是对城镇化规模扩张的依赖降低。我国国情显现的人多地少、绿地供给很不宽松，表明扩展工业用地空间受到的约束十分严峻。在生态型产业方式处于艰难缔造的时刻，急于从外延上扩大工业生产很容易突破生态承载底线。另外，新型工业化道路中的“信息化”绝不只是要带动工业一个部门，而是要带动一切社会经济领域，包括带动农业现代化。城市、小城镇、农村都要建立健全信息技术基础设施，全面的信息化必定要求城乡统筹发展。

在工业文明的技术装备与经营方式基础上的非农产业，在城乡统筹格局下扩散，将形成工业化新阶段中最合理的地理单元分工。该分工体现为三个“一致”：①有规模经济与集中度高的非农产业发展与城市发展相一致；②规模经济与集中度要求低的非农产业发展与小城镇发展相一致；③农业与适合乡村的非农产业发展与新农村建设相一致。同时每个层次都需要高素质的劳动力、完备的市场与社会服务体系（包括能源、交通、通信、供水、教育、医疗、金融、物流、商贸、技术服务等）。

4. 城乡统筹发展是实现经济发展方式转变的战略措施

经济发展方式转变包含四个战略内容：集约型增长战略、扩大内需战略、科教兴国战略与可持续发展战略。其中，科教兴国战略又可解说为创新发展战略。

经济发展方式转变应当是城市与乡村共同的事。经济发展方式转变的一个主要工作是经济结构调整，包括扩大科技含量高的制造业、高智力的新兴服务业、信息化的交通通信等产业在国民经济中的比例，这都发生在城市。而整个国民经济科技资源的分量增加，离不开农业发展对现代化的二、三产业的需求。农业对机械装备、电力设施、生产技术、运输条件、流通服务的高要求，为城市的二、三产业发展带来了动力。这些要求要由不同档次的城镇来提供，由此推动各种规格的城镇分工发展。经济发展方式转变中结构调整带来的重要结果，就是消除城乡发展的二元结构，农业与非农产业以集约方式齐步发展，使城镇化动力充足、健康持续。另外，20 世纪 80 年代以来在农村开辟的工业化第二战线——由乡镇工业体现的农村工业化，除了在市场竞争中落马的之外，需要不断集中，到城镇获取集聚效应，这是城镇化的又一动力。原有的乡镇工业越是集约发展，越能推动它们所转移到的城镇的发展。

城镇化所接纳的产业要有集约型特点。如果牺牲农业和农村的发展，以粗放

方式来增加城镇的产业数量、扩大城镇规模，以求城镇化率的提高，这是得不偿失的替换。城镇发展不是为了简单地安排农业剩余劳动力，而是为了适应城乡产业升级与结构改进。随着农业劳动生产率的不断提高，农业领域的分工不断发展，所需要的社会化服务内容不断增多，工业对农业和农村提供的生产资料、生活资料不断丰富，城镇规模自然随之增加。这一双向发展过程中，科技资源起到了越来越重要的作用。农民对教育、信息产业、科技服务的需求日益增大，城镇发展的供给必须跟上来。只有城镇面积增加，没有智力资源的增加以及各行各业发挥作用，这样的城镇是患“虚胖症”的“病人”。

5. 城乡统筹发展促使人们全面重视农村生态文明建设

生态文明建设是社会主义建设的重要部分，人们对于区域性的生态文明建设（例如，国务院制定的全国主体功能区规划就是具有生态文明建设内涵的战略规划）、国土生态建设、城市的“绿色发展”，都有足够的关注与建言，但对于农村的生态文明建设还欠缺全面的重视。

农村发展要体现生态经济要求，以遵循自然规律为前提，以提升生产、生活、生态质量为目标，在发展科技密集型的综合农业（农林牧渔多种经营）与村级非农产业基础上，统筹安排山水林田路，实现农村供水、供能、居住条件现代化。这些都是社会主义新农村建设中的生态性内容。

在不同规格的城市强有力的科技服务下，农村发展生态文明时代所需的四大农业（有机食品农业、多类型原料农业、提供生态产品的园林农业、生物质能源原料农业）就能得到长足发展，为文明形态从“黑色文明”转变到“绿色文明”打下国民经济基础。

自然村是城镇化的基础。这里需要按照新农村建设的目标，在政府协助下对土地合理规划，依靠社区集体经济组织统筹土地利用。可以在村级层次上发展非农产业，使农村更为繁荣。要注意防范伸向农村的资本在逐利动机下乱用、倒卖和炒作土地。

二、城乡统筹发展对民族经济的战略意义

在科学发展观的理论中，包含着“五个统筹发展”的内容，其中，城乡统

筹发展是当前地方经济发展所面临的最紧迫的一项任务。一方面，“三农”问题已经成为我国经济现代化的瓶颈，也是扩大内需的瓶颈；另一方面，推进城镇化是当前经济发展的热点，这一动态强烈地牵动着城乡双方的经济格局。各地对于城乡发展是否把握得好，是关系到经济发展是科学发展还是非科学发展的最重要而又相当复杂的问题。

从云南、广西的区情来看，城乡统筹发展具有独特的意义：

1. 最终解决欠发达地区历史遗留下来的“城乡二元结构”问题

“城乡二元结构”产生于工业文明兴起之时的城乡对立，在我国计划经济时期由于工业化模式与城乡分离政策的实施而被进一步强化。在社会经济本来就落后的欠发达地区，由于资源开发与“三线”建设等需要，国家投资兴建现代化大工业，形成了先进的工业与落后的农业在同一个小区域并存的局面，西南民族地区还出现“墙内卫星火箭，墙外刀耕火种”的现象。因此，依托现代工业的城镇与从事传统农业的乡村构成了二元结构。发展社会主义市场经济之后，本来有希望通过发展乡镇企业促进城市产业向乡镇扩散，推动生产要素特别是资金、技术、人才资源的流动，解决二元经济结构问题，但由于欠发达地区的乡镇企业发展受挫，农村剩余劳动力以“劳务输出”、农民工进城打工或自谋职业方式转移，大大延缓了二元结构问题的解决。城乡统筹发展就是要通过制度、政策与经济运行的改进，使这里的乡镇经济重新焕发活力，重建城市产业向乡镇扩散，资金、技术、人才资源良性互动的机制，最终解决城乡二元结构问题。

2. 关系到扶贫与发展关系问题的正确处理

云南、广西有着共同的区域特点：有大片少数民族地区、大石山区、边境地区、贫困地区，扶贫任务繁重。扶贫工作的主要内容实际上是帮助贫困乡村脱贫致富，它需要外部资源输入与内部活力成长相结合。外部资源输入要靠城镇的非农产业发展，扶贫的财力支持、基础设施建设、产业带动都离不开城镇的经济实力；内部活力成长的前提是农村本身处于经济社会发展中，只有多数村民处于努力为家乡脱贫的状态，外部支援的生产贷款、交通改善、技术服务、技能培训、产业配套才会有用。因此，统筹城乡发展对于扶贫来说不可偏废。

3. 关系到物质文明与生态文明两个文明建设的关系

由于桂滇两省区在地理上有很大比例属于西南岩溶地区，在国家主体功能区划分中属于重点生态功能区，承担着石漠化防治的生态功能，对于工业扩展与城

镇扩展有很强的生态限制，保护耕地、防治水土流失、开展绿化、保护物种等任务很重。因此，桂滇两省区的城镇发展带有“限量求质”、乡村发展带有“保量求质”的要求。“量”是指面积，“质”是指发展水平。盲目向城镇扩张倾斜，就容易突破国家的主体功能区规划，并且忽略区域的生态建设。两省区的发展应当运行在转变经济发展方式的轨道上，走集约化、生态化之路，通过完善生态补偿制度和政策来实现区域经济公平发展。

4. 将避免乡村经济萧条的结果，对于固边有重要意义

两省区都与越南有漫长的接壤边境带，这里存在着直接关系国防安全的经济社会竞争。越方有计划地推行边境地区移民屯边固边政策，集中边境居民建村，开发荒山土岭，对边民与边境地区的干部、教师给予政策倾斜，为边境打下军民联防的基础。对比我方边境地区，边民过多地外出打工或迁移内地，对劳动力和农业经济资源留存、边境村屯的产业、人口、土地耕种、民兵组织与守土任务都不利。要消除这种包含国防隐患的局面，必须树立城乡统筹发展的理念和决心。

三、城乡统筹发展覆盖的战略要点

解决城乡统筹发展涉及面较宽，它包含五个战略要点，每个方面都是一个系统工程，都包含有一套措施。

1. 缩小城乡差距，争取城乡均衡发展

当前我国多数地方的城乡并未均衡发展，客观原因是长期的城乡二元结构造成城乡发展基础不统一，主观原因是国家的城乡统筹发展方针政策不完善、不落实。由此看来，实现城乡均衡发展是较长期的任务，难以在短期内做到。但是政府要对此有所作为，除了在引领农村产业经济发展方面继续创造业绩之外，直接针对城乡均衡发展的包括以下三项改进：①加大农村在电力、交通和水利等基础设施建设方面的比例；②逐步缩小城乡在教育投入方面的不均衡，缩小城乡在办学条件和教学质量方面的差距；③改善农村的社会保障条件，缩小城乡人均低保费的差距。

2. 建设社会主义新农村

这是一项综合性的任务，其建设目标就是在产业（农业与二、三产业）、基

础设施（交通、通信、供电、供水）、公共服务（教育培训、医疗卫生、文化事业）、社区管理、居住条件几个方面实现现代化。其中，农村的产业发展与基础设施建设是新农村建设的基础，公共服务、社区管理是新农村形成的社会保证，居住条件只是新农村的外观。在建设社会主义新农村中，地方政府的投入与当地农民的人均收入提高是建设动力与财力条件。

3. 实现以工补农、以城带乡

贯彻以工促农、以城带乡的具体机制，就是将工业或城市从对农产品的加工、流通中得到的收益，转给农业分享。没有这样的机制，以工补农、以城带乡就是空话。这个机制需要有依托力量，过去苏南依托集体乡镇企业，广西、云南都没有这样的条件。公司加农户是一个途径，城市的公司收购农户的农产品，用于加工与流通，当中要有利润分享机制。但该途径也是“双刃剑”，搞得好是“促”和“带”，搞不好是“坑”和“挖”，所以还要有相应的办法。让公司加农户产生以工补农、以城带乡的效果，需要两个保障：一是“农户”不是分散的，而是集中的，要用一个声音说话，农村要有集体经济组织或合作经济组织起作用；二是农村提高农业商品的专业化水平，向专业村、专业户靠拢，提升供给方的实力。

4. 推进城乡一体化

城乡一体化既是一个目标，也是一个行动指针。从政府经济职能层面来看，城乡一体化要求政府对城镇与乡村的建设从整体上统筹谋划、综合考虑，在制度规则上逐步并轨。从产业经济角度来看，最完善的是农工商一体化与城镇乡一体化的对称结合，将三个地理单元对应三个经营基地，即乡村作为农产品原料的生产基地，小城镇作为农产品加工制品的生产基地，城市作为前两者生产的商品销售基地，由供产销一体化的长期合约联系在一起，直至结为经济共同体，共担风险、共享收益。

5. 实现城乡良性互动

20 世纪 50 年代的经济学讲过城乡互动的原理：工业为农业提供现代化的生产资料，为农民提供工业生活用品；农业为工业提供农产品原料，为工业品提供市场。该原理始终有效，至今仍需要牢牢记住。此后 80 年代的经济学提升了城乡互动的理论，指出了两条互动途径：

（1）乡镇企业发展为城市产业向乡镇扩散提供了载体，城市与乡镇的工业

企业可形成产业链。这个途径从 80 年代后期就在空间上产生了效果，推进了两个相辅相成的趋势，即制造业向乡镇扩散、乡村企业向小城镇集中。

（2）农业产业化的推进将城市的经济技术服务与乡村的农业生产紧密联系起来，共同对农工商的生产经营集约化、智能化发挥作用。这个途径在 21 世纪出现了新的变化：城市的经济技术服务加入了信息化内容。高科技信息产业要有不同地理单元的节点，城市的高科技信息企业是信息化服务的源头和中心，小城镇设立高科技信息服务的应用企业与服务总站，中心村设立高科技信息服务分站。

在城市的科技、信息服务支撑下，农村的生产经营将出现更多的新门路。生物技术的发展将为农业开辟广阔的发展空间。20 世纪 50 年代的经济学指出的“农业为工业提供农产品原料”将不断有新内容。对于广西来说，农业为工业提供“能源产业原料”有无限广阔的前景，桂滇两省区具有发展生物质能源的巨大潜力。石油、煤炭这类高碳能源在资源枯竭、环境压力之下迟早要被替代，以农业提供的淀粉为原料生产酒精必将在科技支撑下发展成为庞大的产业。

四、当前统筹城乡关系的重点和难点

正确处理建设新农村与推进城镇化两者之间的关系，是当前统筹城乡关系的重点和难点。

全国普遍出现的城镇化热潮与建设新农村“冷灶”的现象，背后有多种原因。其中主要是三点：①仿效西方发达国家历史遗留的工业化与城市化的比例关系，不看世界经济的现实发展趋势。总认为城市不断扩大、乡村不断缩小是现代化的必然趋势，城市代表前途、乡村代表末路，采取的做法是致力于有前途的一方而冷落没前途的一方。②误认为城镇化本身可以拉动内需。新农村建设短期内对经济总量的增长没多大贡献，而城镇化无论从外观上还是增长数字上都有显著成绩。③城镇化是地方政府“土地财政”的用武之地，城镇化能够开通“农民的土地—开发商的投资—地方政府的收入”这条敛财大道，而建设新农村就没有这个作用。理论界为贯彻科学发展观，必须从理论上论证这三点是误区。

建设新农村与推进城镇化两者之间可能是对立关系，也可能是相互促进关系。城镇化容易推进，建设新农村比较困难；城镇化在工业化发展中占主动地位，建设新农村在工业化发展中则是被带动的。如果选择避难就易的发展方针，放弃建设新农村这个困难的一面，加强城镇化这个容易的一面，有可能城镇化发展并不滞后而同时农村处于萧条状态。城镇化是对城乡均衡发展的“双刃剑”，既能带动农村发展，又会导致城镇繁荣、农村衰落的出现。用快速城镇化取得经济增长量来弥补农村经济萧条带来的经济缩减量，这是一种牺牲长远发展效果、导致城乡经济失衡的错误选择。农村长期处于与城市发展水平差距巨大的状态，必将诱使农村头脑最灵活、工作最能干的人陆续转入城市，导致出现城市化越推进，农村越落后的发展趋势。

广西5000多万人口中，农村人口占59.89%。[①] 在经济发展中，农村人口比例必然下降。但是比例下降的途径有以下两种：一种是农业经济比较收益继续呈低水平，大量农村青壮劳动力作为农民工流入城市，剩下老幼人口，使农村成为产业空壳村，农民工的收入流入农村维持老幼人口的生计，而进城农民工长期生活在城市，他们的后代逐渐成为不再返回农村的准市民。这是一条导致城乡发展进一步失衡的减少农村人口比例的途径。从长期看，必将成为经济发展“拖后腿”的累赘。另一种是让农村经济繁荣发展，加以合理引导，使非农产业在农村中生长起来，追求规模效应的制造业与部分服务业集中于小城镇，促进大中城市向小城镇进行产业扩散，使农民就近转入非农产业，其中包括农民工返乡创业者选择村镇办厂办店。这是一条城乡共同发展、相对均衡的减少农村人口比例的途径。也许在短期内，两条路子的优劣不明显，但长远来看，两条道路的优劣将清楚地显现出来。只懂得走前一条路，为此不惜实施城镇化的粗暴行为，如占用耕地、破坏植被、改变地貌，很容易引发新的生态灾难，更不要说急于强征土地引发官民矛盾、损害社会和谐了。

综合来看，只有在控制城镇化速度、保证农村经济社会不受损害的基础上，农业剩余劳动力或农村人口向城镇的多层次转移才能促进农村经济繁荣。①转移到与原来乡村没有经济联系的大中城市，对本村转移纯收入可改善家中的居住条件、增添日用商品、提高生活水平。转移出去的劳动力成为从事工商业的技术能手或经营能人，为部分人返乡创业提供了人才准备。②转移到与原来乡村经济联

---

① 广西壮族自治区人民政府发展研究中心：《2012广西发展报告》。

系密切的小城镇，为农业产业化、农工商一体化做好了资金、技术、经验与信息准备。③转移到与原来乡村在地理空间上不是完全分离的村镇、乡镇，从事非农产业，为家庭开展农工商多种经营、打破乡村单一农业经济的格局提供了现实条件。

面对城镇化不能仅着眼于眼前扩大内需，而不看长远发展。全国除少数地方之外，多数地方尤其像广西这样“工业反哺农业”还很不够的地方，城镇化要放慢一点，新农村建设要加快一点。原因在于：①城镇化带动农村、农业发展不能立竿见影，要做许多工作。城镇化快了这个作用就出不来。②城镇化过程中，城镇规模扩张会挤占农业用地资源，而且一般是占用城镇边缘的优质土地。城镇产业发展产生的大量污染物通过各种途径进入农地，造成土壤污染。许多地方城镇发展还会与农村争夺水资源。这些负面影响需要时间来解决，城镇化加快会来不及解决这些生态问题。③重城市而轻农村，城荣乡衰，会造成“极化效应”，没有“辐射效应”，人才、资金都向城市转移。

因此，我们需要放慢步伐，从容调整行动规划。地方政府在培育支柱产业、发展民生事业、强化教育、完善保障等方面都有大量的事可做，用不着急急忙忙来搞城镇规模扩张。

盲目加快城镇化是造成非科学发展的诱因。在此过程中，出于创造政绩的需要，违背当地经济社会条件和城乡实际情况，不做科学规划论证工作，不考虑正确的步骤、阶段，急躁冒进、搞运动、赶潮流、命令主义，违反因地制宜、量力而行、依法推进的原则，对有历史文化价值的古镇古村也是一拆了之，其结果是形成一些服务落后、产业薄弱、管理粗放、环保失效的城镇。城市资本与农村土地的盲目结合，可能造成农村土地大量不合理地转化为开发商赚钱的用地项目，损害社会利益。

要能够正确处理城镇化与新农村建设的关系，总的思路是准确把握城镇化进程，城镇化顺应工业化的发展，而在建设新农村上狠下功夫。城镇是产业的载体，在创新不足、技术水平不高、产业竞争力低下、国内外市场拓展受限且产能过剩的情况下，过热的城镇化只能是个一经济泡沫。科学对待城镇化要从控制房地产盲目扩张入手，做强城镇的二、三产业；建设新农村要从培育农村的产业发展入手，增强农村发展的经济财力。离开这一战略举措，就会造成城乡发展双碰壁。

城镇化热气腾腾而新农村建设冷冷清清，造成的后果就是城乡发展失衡，全面现代化的实现很可能延误一两代人。在世界发达国家已经由城镇化转入乡村化、产业发展由信息化开始转向生物化的今天，只懂得回头看发达国家几十年前走过的老路，不看前途，只能变成现代“申公豹”。

五、建设新农村是城乡统筹发展的基础

1. 综合目标、多种支撑条件

建设社会主义新农村是2005年10月党的十六届五中全会通过的《“十一五”规划纲要建议》中提出来的。在实践科学发展观的地方，以此为契机积极推进了“三农”问题的解决。而在搞非科学发展的地方，仅仅趁此开展了农村的道路房屋建设，有的建房还不符合农村需要。实际上，建设社会主义新农村是多种发展任务的综合，包括：①完善农村社会主义市场经济体制建设，恢复与构建既能体现社会化生产，又能充分调动农户积极性、主动性的双层经营体制，在保障农户土地承包权的前提下促进土地合理流转，向专业户、种植能手、家庭农场等适度集中。②推进农业产业化建设，鼓励建立和改进农民专业合作社，并使之运作规范、机制完善。提高农民进入市场的组织化程度，两种模式的“公司加农户”都要发展起来，一种是双方形成稳固的供销关系，另一种是双方形成风险共担、收益分享的经济利益共同体。③提高农业生产集约化水平，促进农产品商品标准化生产，培育市场声誉好的绿色农产品品牌，推进种植方式、地力培护、病虫害防治、机械化生产、生物技术等方面的技术创新。④健全完善农业服务体系，包括科技服务体系、信息与电子商务服务体系、实用人才与技能培训体系、水利灌溉服务体系、机械服务体系、生产资料供应体系等。⑤改善乡村生活条件，有规划地开展可行的乡村村容村貌建设，引导农民做好乡村布局规划，实现道路畅通、水流畅通、屋舍错落有序、居住条件改善、环境卫生良好，并满足电力、自来水、通信、新能源的供应。

建设社会主义新农村是统筹城乡发展的战略要点之一，也是城乡统筹发展的基础，需要其他战略要点的配合。没有缩小城乡差距、争取城乡均衡发展的最低成就，不实施以工补农、以城带乡，不推进城乡一体化，不去实现城乡良性互

动，那么无论农村工作如何努力、农村的劳动者如何有作为，新农村建设也难以达到应有的水平。而没有新农村建设的势头与一定的成就，其他战略要点就缺乏用武之地，无从谈起。为此，研究县域经济需要深入了解统筹城乡发展的各战略要点的进展与相互关系，注重与其他各战略要点的配合。

近年来，部分地方过热的城市化打断了城乡一体化的进程。由于农村优质劳动力大量外流到城市，农业生产严重缺乏劳动力，土地撂荒，山林无人护理，村内的家庭经营萎缩不振，农村的政治、社会、教育、文化各项事业均受影响。原有贫困地域面临被固化的趋势，已经能够使地方脱贫的产业实力重新丧失。农村经济空壳化是近年来新农村建设的主要障碍。

当城市发展只需向农村圈地、转移劳动力时，就用不着顾及乡村的发展。而要继续城乡一体化过程，就必须借助城市力量，大力启动新农村建设，用新农村建设的成果来扭转农村经济萧条的趋势。只有限制城镇规模扩张、提升城镇功能扩展，才有利于抑制农村经济空壳化。

2. 新农村的主要产业基础——现代化农业

新农村建设的产业基础，可以从两方面来做实：一方面继续应用多年来积累的经验，夯实与创新农业商品生产，发展广西各地有特色的农业产业；另一方面，发展适合乡村层次的二、三产业。发展满足本村或邻近村屯的生活服务业，发展医疗、教育、文化事业。有条件的地方发展乡村旅游业，包括景点开发，以“农家乐”为代表性模式的旅馆餐饮业，融观光、体验、尝鲜于一体的“旅游农业”。所有这些都需要有自下而上的努力、自上而下的支持。对自治区政府以及相关机构来说，应着手从资源分配、指标设置、粗线条计划、管理措施、法规出台等方面实现到市县乡各级的细化与落实。对于新农村建设的主体——农民来说，集体的力量与家庭的力量两方面都不可偏废，应处理好长远与当前利益的关系。

新农村建设的主要目标是实现农业现代化。从生产力的技术角度看，要做到高技术化、知识化、生态化、信息化；从经营方式的角度看，要实行组织管理科学化、企业化、标准化、集约化；从产业特征的角度看，要做到社会化、产业化、市场化、国际化。现在少数民族地区的农业与上述标准距离还差得远，只能通过努力逐步趋近。如果放弃这方面的努力，任凭农村劳动力都外出打工，保持农村萧条状态，社会经济将永远达不到现代化水平。

建设社会主义新农村必然与培养新一代农业劳动者、发展现代化农业同步，这是“三位一体”的事情。应让农民能够在农村安居乐业，进城农民可以重新选择返乡创业或者成为永久性新市民，而过快扩大城镇规模必将对这些社会进步造成冲击。

实现农业现代化，仅靠农村是做不到的，必须要有城镇支持。没有城镇的工业发展，农业的高技术化就是空话；科教兴农的源头在城市，城市的学校和科研机构为农村提供教育资源与科技资源；城镇的金融机构、流通机构推动农业的市场化和社会化；城镇的信息部门保障农业的信息化；等等。但这一切支持要有一个前提，就是农村自己的产业保持一股活力。如果没有农民在农村安居乐业、努力奋发，城镇的支持就找不到对象。

3. 新农村的规模

建设新农村要注意解决村寨的规模问题。由于广西、云南地处石山地区，缺少大片的土壤，更没有大片平坦的地方，有些地方水源奇缺，一处难以居住更多的居民，因而自古以来都是村庄分布广、规模小、距离远。农村居民居住分散化这种分布状态，对发展是很不利的：①造成基础设施建设成本加大，改变农村公共服务（供电、公共交通、通信、义务教育）落后局面具有高成本、低效率。②城镇的公共服务难以向农村扩展。③农村整体环境不易改善。④减弱了相互的经济文化交流，村民利用社会资源很困难。因此，凡有可能的地方，最好都动员村民将村寨合并，这要作为新农村建设的措施。这项合并当然要建立在农民自愿的基础上。是否可行？我们做以下论证：①从本质上讲，农户有选择集中居住的本能趋向。②只要新农村能建成道路、电网，解决水源问题，以及其他公共服务设施，农民继续离群散居会很不方便，他们会比较就近移居新村与离开新村的成本和收益而做出正确选择。③农户就近移居，人们的生活习惯、风土人情没有多大变化，不会有背井离乡的感觉。④为合并村寨而重建房屋，应得到政府的补助。为此，村寨整合会得到农户的支持和配合。

农村分散的村落居住环境是与传统农业的生产方式及其主导的生活方式相联系的，分散的院落居住有利于农户小规模零星饲养家畜家禽，靠近耕地居住能够便利农业生产劳动。随着现代农业和农村的相互推进，客观上需要农村居民集聚化、社区化。种养方式的规模化、集中化以及农事分工的发展，改变了传统农业生产基地分布格局；汽车、拖拉机、农用机动三轮车、摩托车及手机进入农民家

庭，可以解决居住区与生产区距离较远的问题；随着社会主义新农村建设的开展，农村的社区教育、社区文化、社区治安、社区服务都需要开展起来，这些都离不开扭转居住分散化，改为集聚化、社区化。否则，传统的乡村生活方式很难改变，现代化发展难以起步。

农村居民集聚化的战略措施在广西巴马瑶族自治县燕洞乡龙田村得到了实施。龙田村在20世纪70年代出于增加耕地的目的，借助当时“农业学大寨”的形势推动，从石山上打造出一大片能够容纳全大队（即现在的行政村）所有自然村的基地，在基地上建立起“新农村”。这一卓越的壮举，首先是实现了增加耕地的目的，在旧村的基址上造出土壤肥厚的485亩良田，同时实现了有利于乡村发展的村寨合并。在当前龙田“山内经济”（在山内发展特色种养业、饮食业、运输业、石材加工业等）与“山外经济”（走出山区搞劳务输出或创办企业）相结合的支撑下，全村除了漂亮的居民楼和洁净的村道之外，还建立了村卫生院、敬老院、幼儿园、小学、中学、农贸市场、信用社、供销社、邮电所、电管站、兽医站、粮站、广播室、文化室、信息网络室、灯光球场、龙田历史陈列室等众多的社会服务机构，这固然反映了龙田村经济发展、分工分业、对外交流的水平，但也是村寨集聚化的结果。

六、新型城镇化是城乡统筹发展的关键

城镇化是社会经济十分复杂的变动，许多地方在论证、预测、研究很不充分的情况下匆匆忙忙掀起热潮，以为这样可以拉动房地产业、建筑业、建材业、装修业、商贸餐饮业甚至城镇制造业的发展，拉动固定资产投资与城市生活消费，提升就业、税收、土地收入。但是如果这类意愿建立在未经论证的基础上，很容易形成经济泡沫。

在近几年的城镇化热潮中，“新型城镇化”概念问世是有针对性的。人们看出“传统城镇化”弊病百出，想用“新型”来取代。新型城镇化定义有不同的表述，但有三个要点是必须具备的：一是大中小城镇共同发展；二是城镇与乡村共同发展；三是城镇建设、城镇产业与人口城镇化协同发展。

2012年中央经济工作会议提出：“把生态文明理念和原则全面融入城镇化过

程，走集约、智能、绿色、低碳的新型城镇化道路。”所谓新型城镇化，是以城乡统筹、城乡一体、产城互动、节约集约、生态宜居、和谐发展为基本特征的城镇化，是大中小城市、小城镇、新型农村社区协调发展、互促共进的城镇化。新型城镇化的核心在于不以牺牲农业和粮食、生态和环境为代价，着眼农民，涵盖农村，实现城乡基础设施一体化和公共服务均等化，促进经济社会发展，实现共同富裕。因此，新型城镇化比人们日常生活中单纯从字面理解的城镇化含义更宽，其过程关系到大至都市，小到农户的产销、合作、互动、和谐的新型社会关系。然而必须清醒地看到，理论与实际并非一致。一个系统性很强、涉及面很宽、做起来很费力的新型城镇化，与能够得到短期效应的扩展城市面积的表面城镇化，对于将科学发展观仅挂在口头上的地方官员来说，他们青睐的显然是后者。因此，在全国各地开展城镇化的热潮中，广西要保持清醒冷静，要在城镇化中向全国的官员显示广西官员的执政水平。

广西的城镇化率低于全国的平均水平（2011 年末，城镇化率为 41.8%，低于全国平均水平的 51.3%），这应当视为广西工业与流通业、服务业不够强大的表现。如果不顾产业发展的实际状况，单纯从扩张城镇规模入手来提高城镇化率，那就会陷入发展的误区中。城镇是产业的载体，在创新不足、技术水平不高、产业竞争力低下、国内外市场拓展受限且许多制造业出现产能过剩的情况下，过热的城镇化只能是一个经济泡沫。

为避免城镇化中的误区，把握正确的方向与进程，必须注意以下要点：

（1）当前广西城镇化发展需要解决的问题是壮大城镇的产业，健全城镇的功能，赋予城镇的特色，增强城镇的建设能力，而不是急于扩张城镇面积。民族地区的城镇化，应当重视发展能够吸收农民前来谋生就业的乡镇和县镇。这两类城镇农村人口转移距离最短、转移成本最低，但却是当前最无吸引力的，其原因是公共交通、供水供电、环境保护、通信设施、文化娱乐、教育、卫生保健等都欠缺，难以吸引外来投资者来这里创业。为此，需要通过政府财政投入建立起城乡统筹的解决机制，同时扶持一批有经济效益的产业项目支撑城镇发展。另外，要做好户籍改革管理、土地流转、社会保险、劳动人事管理等项工作，为农村人口有序转移到乡镇扫除障碍。

（2）在理论认识上区分城乡一体化与城镇化。前者的主体内容是农工商一体化或农业产业化，后者的主体内容是非农产业发展与农业剩余劳动力转移。从

转变经济发展方式的视角来看，广西应当更重视前者。理由是：①后者更多的是客观发展的结果，切忌操之过急，用拔苗助长的方法推进城镇化。前者更多是一项发展努力的结果，努力与否与成效如何直接关联。②前者直接推进新农村建设，后者处理不好则可能造成城市发展而乡村衰落。因此，对城乡一体化要有更多的关注与研究。党委政府要总结这方面的经验，包括公司加农户的经验。当城乡一体化取得成就，城镇中的二、三产业发展就可以直接与农村第一产业发展相结合，有了确定的服务对象，就可以做大，并由此推进城镇化。商贸带物流、带加工，物流与加工带种养，是带动城镇化的重要机制。通过农工商一体化带出一个商业性农业，就有了科技应用的动力。应重视乡镇的产业经济发展，特别是重视一系列与农业、生物相关的战略性新兴产业的发展，做到发展商品与劳务生产—增加人民收入—扩大社会需求—发展商品与劳务生产的良性循环，这是扩大内需的主要领域。

（3）现有城镇的内涵发展：要有必要的文化、体育和卫生设施建设；要有合理的功能分区，工业用地、公共建设用地、住宅用地等各类用地分类布局；公路干线建在城镇外侧，不穿行于其中；要有公共绿地，建好垃圾处理、污水处理的设施。在城乡统筹发展中，注重人与自然的和谐。城镇化本身要有生态约束，保护耕地和森林应成为城镇扩张的区位选择。环境保护不能滞后于城镇建设。农村扶贫中的生态移民应与城镇化相结合，要有相应的城镇产业来安置移民，或者引导、扶助移民在城镇创业、就业。

（4）城市资本下乡可能成为城镇化中的热点问题，对此要有正反两面考虑，不能单纯把它看作好事。城市资本下乡是对农村圈地的有力杠杆，但土地的使用必须有利于农村经济发展，要找到既能维护农民集体土地权益又能利用城市产业资本的路子。

（5）民族地区要注重吸取外地的经验，并善于总结自己的城镇化发展经验，从理论上提出适合民族地区的城镇化模式。在《中国少数民族地区构建新型城镇化战略格局研究》一书[①]中，作者推荐了四川民族地区可资借鉴和值得推广的小城镇发展模式：以小城镇建设为核心和主要空间载体，以旅游业发展为小城镇建设的产业依托，以生态移民和扶贫开发移民为重要途径。我们建议在产业依托

① 钟海燕：《中国少数民族地区构建新型城镇化战略格局研究》，中国经济出版社 2013 年版。

上，再增加：①养生产业，这是以外地城市居民为对象，以房地产为载体，由一般的生活服务业、交通业加以配套的产业。该产业可在那些工业很少、环境优越的地方发展。但是，养生产业的发展必须控制数量和速度，因为人口的增多很快就会冲击原来的养生条件，如果不控制速度、有效解决，任凭一时快速而来的经济效益将养生条件彻底摧毁，那么这项产业将完全衰落下去。例如，广西长寿之乡的巴马瑶族自治县发展该项产业已经出现了这类危机。②土特产商品，即以当地生物资源为原料，经过或浅或深不同层次加工制造的商品，生物资源原料与加工技术往往带有地方特色。在此类产业中，要注重发展绿色食品。这类产业要以劳动密集型、技术密集型为特征，注重对当地就业的带动作用。③水电开发，包括中小规模的水电开发。

第九章　生态文明导向的制度建设

生态文明制度建设包含两层含义：一是一般性的制度建设，指国家在发展的大政方针、产业选择、社会经济管理、舆论宣传上，确立生态导向和生态约束的原则，并实际贯彻；二是具体性的制度建设，按照国家确立的生态导向和生态约束的原则，解决具体的管理问题。涉及生态文明的管理，包括资源、环境、保健管理。这里我们主要论述具体性的管理制度。这两个层次的生态文明制度建设，并非直接的文明形态跨越行动，但它们是文明形态跨越的重要保障和基础工作，对于少数民族地区，制度建设是一个艰巨的社会工程，需要通过这类工作向先进地区看齐，争取迎头赶上。

一、制度建设与生态文明

1. 制度的含义

“制度”是当前经济学论著中用得很广泛的概念，但是人们对其含义的理解有很大的差别。马克思主义经济学的话语是把“制度”作为生产关系在上层建筑中的体现，制度分为基本制度与具体制度，基本制度与社会经济形态相联系，如资本主义经济制度、社会主义经济制度，分别体现资本主义、社会主义的生产关系，并在上层建筑主要是法律层面得到落实。具体制度是生产关系的具体体现，在社会经济的生产、交换、分配各个环节中体现。人们所说的“体制”，就是各个经济环节具体生产关系的总和。西方经济学中的“制度”概念，是指规则的集合。其实，马克思主义经济学与西方经济学对“制度”概念的界定，其对象是一致的，虽然定义不同但不矛盾，只是反映客观的角度不同、层面不同。本书是从上述含义相统一的角度使用“制度”这一概念。“制度”就是指规则的集合，但规则最终反映生产关系，包括基本的、具体的生产关系。规则的实施者是政府以及政府授权的社会组织，因此在制度领域也体现着政府的经济职能。

与“制度”概念不可分的是“政府”概念。人们都知道，狭义的“政府”仅指国务院及其下属的各级地方政府，实际上，现实生活中与制度直接相关的还包括党委、人大以及独立于狭义“政府”的司法机构。本书为行文方便，采取广义的“政府”概念，此后所提到的“政府”会将上述四类组织机构全部容纳进去。

经济制度的实行方式大体可分四类：政府纲领与规划、法律体系、法规体系、政策体系。①统筹性的政府纲领与规划由党委建议，人民代表大会颁布。包括了基本国策，如建设资源节约型、环境友好型的“两型社会”，也包括通盘的战略规划，及具有实际操作意义的各个领域（如国土开发、产业发展、城市建设、乡村建设等）的规划。②规制性的法律体系与法规体系。前者由人大制定颁布，人民法院与人民检察院负责执行；后者由政府行政部门制定、执行。一般来说，法律的实施是对某些行为做出禁止性的规定，法规的实施起到指导相关办事者行动的作用，如有违背则不予办理。③调节性的经济政策。政策内容不属于制度安排，但哪些政府机构能够制定哪类政策，属于制度安排。经济政策是对某些市场主体的行为定出奖励、资助、扶助的具体规定。上述制度安排为国民经济发展提供了行为约束、行动指南、运行激励。

2. 生态文明建设的制度安排

在生态文明建设中，不同的制度实施方式行使不同的职能。

（1）统筹性的政府纲领与规划，为生态文明建设提出“路线图”，包括优化的区域布局、产业结构和行动部署。规划中有具体的目标、综合配套工作规划、操作要点、负责部门、实施方案。经济社会规划包含政府对社会经济发展的组织、管理和统筹，并在各类产业规划、国土规划、城乡建设规划等方面贯彻生态文明理念。

（2）规制性的法律法规，为生态文明建设创造良好的社会环境。法律规章主要是对违背生态经济的行为予以制止、惩处，同时还对有关的政府部门、社会组织所做出的经济活动予以责任规定，按照符合生态文明的要求进行指导、鼓励、帮助和服务。

（3）调节性的经济政策是政府通过经济手段，为生态经济提供自发的运行

动力，以便调整经济活动中与顶层规划不相适应的部分，并通过市场经济机制实施符合生态文明要求的行动。

3. 政府对生态文明建设的作用

从制度的职能来看，政府对生态文明建设主要起到以下作用：

（1）生态文明建设是全社会的共同行动，政府在其中应起到决策主体、监管主体和服务主体的作用。在生态文明建设过程中，应形成政府推动、市场引导、企业实施、公众参与的局面。政府促进绿色发展，需要统筹规划、合理布局、因地制宜、注重实效，提供良好的政策环境和公共服务。在自身工作范围内，要强化监管，建立各项激励约束机制。

（2）解决生态经济外部性治理问题。生态经济所涉及的资源和环境问题具有很强的外部经济效应，在市场经济的原生状态下，会追求自身经济效益而损害生态效益，造成负面的外部经济性；相反，也存在虽然对自身经济效益未必有利却可以带来很好的社会效益与生态效益，形成正面的外部经济性。市场体系的缺陷在于不能就外部经济性给予当事人以公平待遇，市场自身对于生态效益的损害者无法惩处、有利者无法奖励。政府居于市场之上，通过制度对此加以干预，就是将生态经济的外部性问题内部化，再通过市场经济体制促进生态文明建设的实施。

（3）有效的制度将改进政府自身的工作。应通过制度来限制一味追求工业文明而忽略其中的反生态效应，通过制度来引导和促进经济发展转向生态文明的目标。制度的安排能促进跨行政区域的生态经济协调机制得以建立，使合理的考核、统计、监测和评估得以完善。

（4）制度安排为推进生态文明的一系列实际措施打开了绿灯。这类实际措施包括：①完善技术支撑体系，如资源节约型经济的技术创新，包括清洁生产技术、废弃物资源化技术、环境工程技术等。②建立环境管理体系，运用环境管理工具，开展清洁生产审计、产品生态设计、生命周期评价、环境管理会计等，推动资源节约与环境友好效果的考核评价。③打造生态经济产业园，如生态工业园区、生态农业园区、再生资源产业园区等，以空间聚集方式实行循环经济、低碳经济措施。④搭建生态经济信息平台，如中国可持续发展研究网，成立生态经济的学术团体与中介组织，如中国生态经济学会等。通过这些平台与团体有效促进生态经济的信息共享与中介服务。

（5）在社会团体的配合下，政府制定一系列有利于促进生态经济发展的公共政策，提高社会对生态经济的行动力度。政府组织开展循环经济、低碳经济示范区、示范城市、示范乡镇、“城市矿产”等活动，为全社会的生态文明建设做出引导。政府通过与行业协会的分工合作，制定企业清洁生产标准、环境质量评价标准以及产品、包装物和废弃物的使用规定，从生产、流通和消费各个环节提高公众节约资源与保护环境的意识。

二、民族地区生态文明制度建设的原则

1. 在生态效益与经济效益矛盾之处寻求平衡点

建设生态文明的宗旨，主要是要推动社会经济活动从片面追求经济效益的失误中走出来，兼顾生态效益。现实中民族地区的经济行为中兼有生态效益与经济效益的较少，多数是生态效益与经济效益相矛盾，矛盾的实质是生态效益与短期经济效益不相容。当前经济生活中的主要倾向是为了短期经济效益，不顾生态效益，这正是生态文明建设要解决的问题。只要生态效益，不顾经济效益，对于生态文明建设固然理想，但现实条件往往不允许。追求生态效益所需的经济成本负担、所牺牲的经济收益，对行为主体都有一个是否能承受的问题。基于此，在生态文明制度建设中，要对兼有生态效益与经济效益的行为予以鼓励、推广，对只要经济效益的行为加以制止，更关键的是通过明智的设计，从标准、指标、核算等方面体现寻求生态效益与经济效益矛盾平衡点的保证。

2. 规则形成要包含市场经济的产权原则与政府调控的计划原则

市场经济对资源与环境起到双重作用，既能起到促使经济当事人节约资源与保护环境的作用，又能起到刺激经济当事人耗竭资源与损害环境的作用，这要具体分析相关的场合与条件。生态文明制度建设中要制定许多规则，在形成规则中，有些要利用市场经济的正面作用，有些要消除市场经济的负面作用。明晰资源产权，保障资源所有权归属者的权益，明确资源所有权、使用权所承担的环境责任，就是制定相关规则中利用市场经济作用的主要依据。而在另一些场合，要使资源产权的行使不造成耗竭资源与损害环境，就需要以法律、政策的方式，体现政府调控原则。而政府调控的变动是作为计划调节发生的。这两个原则的结合

处，就是责权利相一致的原则，即在当事人经济行为的权利覆盖下所产生的生态效果，负面的要承担明确的责任，负责治理，正面的可享有权益。所谓“谁污染、谁治理；谁保护、谁受益”，就体现了责权利相一致的原则。但是，仅有这个结合处的原则是不够的，还有一些生态环境问题如果当事人担当不了，就要列入计划来解决。

3. 采取“依法治国”与“以德立国”相结合的方式解决生态问题

生态保护离不开法制建设，这是社会的共识。法制建设以公正、公开、有效的方式维护了这项公共利益，而对行政、执法来说，实行以“法治”替代“人治”是整体上的制度背景。这就是我们常说的“依法治国”，在生态文明建设中也一样。

通过法制来维护生态环境，本身是一个系统工程。环境保护经常与经济建设发生矛盾，规则应当如何定？不同地方对生态环境的要求不一样，如何解决统一规则与因地制宜的矛盾？这些都要应用民主决策、集思广益、科学决策、专家论证的程序来解决。

“依法治国”不管再公平有效，还只是停留在“强制”层面上，要进入“自觉”层面，必须有伦理道德、社会风气的作用，法治本身也要与舆论相配合。以制止政府主导的投资项目为例，一些项目投资的目的是为了改善地方景观，提升环境吸引力，促进旅游业发展，其中有节约成本与增强品位的两难选择。为了制止其中的反生态浪费，可以制定法规限制，但完全合理、周详的条文是不可能制定出来的。对此，除了规定少量重要条文，给出粗线条的规范之外，解决反生态浪费主要靠对官员进行教育，发挥学习型政党的优势，教育官员爱护资源环境和珍惜人民的血汗钱。当然，可以在制度设计上将节约作为考核内容。关于是否节约，容易看出却不容易“量化”，而在正确的舆论导向下，群众的眼光是有效的。

4. 生态文明制度建设专业化要有人才配置

制度建设包含有目标设置、运行机制、规则体系等内容，每项内容的建立与完善都需要专门的智慧、知识和技能。为此，要求实施制度的人员有专业人才与管理人才的合理配置，尤其对于人才存量较为欠缺的民族地区。一般来说，目标设置偏重于生态学、生态经济学的知识，运行机制偏重于经济学、社会学的知识，规则体系偏重于管理学、法学的知识。立法定规、政策出台，需要有深入广泛的调查研究；实施管理，需要有周密有序的行动。为此，在生态制度建设中，应在不同的机构、不同的工作环节中合理配置不同类型的人才，赋予他们各自不同的职责与权力，以实现专业人才与管理人才合理的分工合作。

三、各个领域的生态文明制度建设

生态文明制度建设涉及政治、经济、文化等领域，每个领域都有相关主体。

1. 生态文明的政治制度建设

政治的一个传统定义是指“大众的事”。凡是有关社会群体权利义务的事项，都属于政治。政治领域的主体关联着制度的行为者——政府，以及直接参与者——媒体与社会群体。

生态文明建设的制度构架与社会主义其他文明建设的制度构架是一样的，只是内容不同。概括地说，即共产党作为我国政治制度中的领导力量提出生态文明建设的方针路线，经过人民代表大会转化为人口、资源、环境、物种等方面的法律，并审议政府在生态文明建设方面的工作，政府通过行政法规管理社会的生态环境问题，通过发展规划开展推进生态文明建设的经济项目，如国土整治、产业发展、结构调整、科技开发，政协和各政党、各社会团体在生态文明方面建言献策，媒体开展生态文明的社会促进与舆论监督，群众通过信访等渠道反映有关生态文明的批判与建议，并以论著、网络等方式形成生态文明的社会舆论，从而影响决策。

要使上述理论构架真正运作顺畅，需要有相应的政治文明作为社会背景：①各级共产党组织真正贯彻立党为公、执政为民的宗旨；②消除权大于法的机制；③政府官员追求表面的“政绩”面临民主监督这个不可逾越的障碍，官员的选拔、罢免、考核、决策、监督等制度都要加以配合；④致力于生态文明的社会团体、学术团体有法律地位和参政权，具备与政府、民众在资源、环境、保健方面沟通的常设制度。

生态文明的政治制度建设包括两个客体、两个主体之间的关系。两个客体是长远利益与短期利益，两个主体是“官方”与“民间”。这两对关系要处理好，“官方”要能认真听取群众的意见、专家的意见，有时要对一些措施采取科学论证的方式，使短期利益服从长远利益。

生态环境管理很多涉及经济利益，政府管理要做到公正、公平、公开，前提是政府机构与官员要有官德、党员要有党性。不仅要确保体制内对贪腐渎职的一般性监督有效，还要根据生态领域的特殊性——后果可以从群众利益、专业评判中显现，从后果追究。广西河池南丹根据当地有色金属矿产开发成为腐败滋生的“重灾区”这一现实，提出三方面的“重拳出击”：从严查处官矿勾结，斩断伸向矿山的“黑手”；从严查处矿山管理上的互相推诿、失职渎职，堵死矿山管理中的“黑洞”；从严查处矿山非法开采、偷盗矿产品，挖掉矿山安全的“地雷”。推而广之，当前落实防治污染的几项制度包括：首问负责制——发现有重大污染事故首先向污染发生源的管理机构问责；限时办结制——对污染治理的决定要有时间限制，不允许无限拖延；责任追究制——造成污染事故损害社会利益的责任人，不管是否在现任职务上，都要追究；政务公开制——对于群众关切、专家过问的重要污染事件，在发现、处理、最终解决等各项环节，要通过政府的公布向社会做出合理交代；一票否决制——考核政绩时，出现治下严重环境破坏、生态失衡的情况，只此一项就不能因其他方面的成绩而评为优良等级。

2. 生态文明的经济制度建设

有关生态文明建设的经济制度，包括有财力分配、经济建设与计划管理“三位一体”的内容。纯粹的财力分配包括排污权交易制度与生态补偿制度。

（1）产业生态化管理，首先就要禁止各产业继续按照粗放模式扩大生产，要求没有集约型的内容不能上项目。

节能减排的目标责任要落实到具体的行业、企业管理层。政府一方面对推进节能减排的措施制定出奖励政策，另一方面对未能完成目标责任、超标污染者制定出惩罚法规。地方政府的环保部门应通过有效的工作加强节能减排监督检查和监督能力建设，一些重点开展节能减排的企业要实施强制生态审计。

部分民族地区贯彻退耕还林、还草政策是为防止在陡峭山坡上开荒，破坏植被，造成水土流失。在此之后，可以保留种粮的地方，抓好农田基本建设，砌墙保土造梯田，以水土保护为标准来发展农业生产。有的则要引导当地农民用其他适合生态保护的种养方式替代粮食种植。对于发展无公害食品、节水灌溉、网箱养鱼、生物技术、循环农业等具有生态意义的农业生产措施，政府要设立专门的资金扶持与技术服务机构，给予农民以资金、技术支持。

林业是民族地区的重要产业，重新认识林业的功能是保护森林资源的首要工作。当代林业的第一位功能是生态功能，第二位功能才是经济功能，这要体现在林业发展规划中。地方政府应在维护林业的绿化与保持水土作用的同时，尽量让造林者和林业经营者得到应有的经济收益，不要从中再得到财政收益。政府本来就应当为保护生态环境付出代价，而不是从现有的生态保护中抽取经济利益。根据这个道理，对广西一度大力发展桉树种植要有新的对策。桉树是发展造纸原料最好的商品林，但该树对山林土壤、植被有较大的负面影响，要在充分科学论证的基础上有计划地缩减，寻找替代品。

旅游业是民族地区优先发展的产业之一，但这项产业的发展必须重视它可能产生的负面生态效果。在管理上，要有制止生态破坏的规定，并有效地防止游客在景区破坏环境的行为，有效地消化所产生的旅游垃圾与废水。生态旅游是高强度保护生态环境、不以方便游客为原则来进行开发的旅游。生态旅游有三大特征：①它排斥基础设施与现代交通工具，只能让游客身背背包徒步行走；②它不适合老弱病残进行，是年轻人挑战自我的活动；③它不形成密集的人流与热闹的场面，能够维持旅游区的安静。由于生态旅游经济效益不高，所以是适度发展。例如，当地可以在不宜建宾馆的地方建立帐篷宿营地。一些介于一般旅游与生态旅游之间、处于自然保护区内的旅游，必须降低开发程度，限制客流量。

（2）生态建设投资，鼓励企业参与既有生态效益，又有经济效益的投资。中央政府的生态建设投资，通过五年发展规划、年度发展计划直至落实到具体的建设项目。典型的项目有：新能源开发、植树造林、环保产业、江河治理、田间工程建设、节水灌溉工程、农村能源建设、“三废”处理工程、水土灾害防治等。地方政府的生态建设投资，一方面要落实中央政府细分到地方的计划，另一方面要根据本地发展需要确定一些生态建设项目。投资涉及的财政预算与实施业绩向本级人民代表大会报告、接受审议，政府内部上级检查下级的工作。

农村社区公有制组织是生态建设投资的主体，这类投资是为本社区的公共生态经济利益而开展的，其运作在政府系列之外，包括沼气开发、植树造林、水利设施、小流域治理等。在双层经营框架下，一些经济发达地区的社区公有制组织曾经对生态建设有过大的作为，投资财力主要来自社区公有的乡镇企业收益。后来又出现了“民办公助”或“公办民助”的方式。现在由于大多数农村集体经济已成空壳，难以担当农村社区生态建设投资主体的职责。至于“空壳村”，连“公办民助”都难做，生态建设要么就是乡政府代办，要么就不搞。可见，农村

经济发展状况不改善，农村社区的生态建设就会成为空白。

广西发展沼气是农村能源建设的重要途径。发展沼气具有推进生态农业模式、使用有机肥料、配合新农村建设转化农业垃圾（如家畜家禽粪便）、开辟生物能源等多种用途，是从农业文明向生态文明跨越发展的一线曙光。南方的气候条件适合发展沼气，民族地区农村理应重视。例如，广西2010年农村沼气入户率居于全国首位。这项工作有赖于政府大力扶助，包括技术扶助与资金扶助，应纳入常态化管理。

（3）排污权交易制度用于限制污染排放。限制对象分为两种：一是生产企业的排污，这是较普遍推行的；二是某条江河两岸的城镇乡的排污，这是较为特殊的。普遍推行的排污权交易制度由三个环节构成：①为控制污染排放、促进产生污染排放当事人努力减排，对各类主体规定合理的排污量限额。②有的主体高效减排，未达到自己被规定的限额，也就是有“余额”；有的主体低效减排，超过限额，应当受罚。但后者可以向前者购买尚未用完的“余额”，进行排污权交易。③双方在政府环保部门监管下，采取某种方式进行“余额”交易，如公开竞价拍卖或定价出售。这一交易制度实际上是以市场交易方式进行奖优惩劣，将企业（或其他主体）对环境产生的外部经济或外部不经济转化为内部经济或内部不经济。较为特殊的是，交易不是企业之间用现金与“余额”直接交换，而是由超过限额的城镇乡向有“余额”的城镇乡购买此“余额”之后，上一级政府看后者买来的“余额”来决定是否批准这里建立新的有污染产生的企业。世界各国都在尝试使用排污权交易制度来鞭策企业，我国应当汲取、综合各国的经验，逐步推行并完善这一制度。

（4）生态补偿制度有两大类型：一是政府实施生态类措施或政策的补偿补贴制度，补偿主体是政府；二是实施自然资源使用中的征收与补偿挂钩的制度，补偿主体是使用者。

政府实施生态类措施或政策的补偿补贴制度分别配合相应的宏观与微观政策。在宏观领域，一是针对各类主体功能区的定位，对限制开发区与禁止开发区给予财力补偿，弥补其放弃经济发展机会的损失，将只有生态效益而没有直接经济效益的成本承担起来。二是针对国家设立自然保护区，专门有对经济建设的特定限制，对生态建设有预先的规划，这类生态补偿更为直接，计划性更强。在微观领域，一是针对实行退耕还林（包括退耕还牧、退耕还渔）的地方，给予扶持性资助或者购粮补贴，以便消除退耕还林给农民造成的直接经济损失与经济风险，也体现国家代表社会对这些地方发展生态林实施“生态购买”。二是针对某些乡镇在经济发展中或企业在生产中承担了生态义务，如小流域治理、生态复垦等，政府给予相应的补贴。

自然资源使用中的征收与补偿挂钩的制度，有两类针对性：一是对某种经济活动产生环境受损效应，从而需要规范经济活动受益者与环境受损者之间的利益补偿。采掘工业与社会之间就形成了这一关系，应由国家代表社会向采掘工业企业征收资源使用费，建立生态补偿基金，用于治理采掘活动产生的环境破坏。二是对某种经济活动依赖环境保护，对保护环境有贡献的一方并未受益，经济受益的一方并未对环境保护做出贡献，生态补偿就要使双方利益关系平衡，如依赖上游环境保护（包括森林维护、水土保持）的旅游企业、水利企业向上游地方交生态资源使用费。矿山的生态补偿体现在矿产经营企业与环保部门的恢复性治理履约保证金制度中，这是在资源税以外的成本。

我国生态补偿制度的试行，从1990年国务院发布《关于进一步加强环境保护工作的规定》、提出生态补偿政策开始，已走过几十年的历程，但总体上来说，很多方面还有空白与不完善之处，需要我们努力进行这项制度建设，处理好许多很细致的问题。

3. 生态文明的文化制度建设

文化，作为与政治、经济相并列的概念，包含了新闻传播、文学艺术、伦理道德、风俗民情等内容，宣传媒体在其中起到主导作用。通过政治制度，使社会敦促政府实行生态文明的正确舆论导向。之后，文化制度让政府的生态文明建设作用于新闻、广告、出版、展览、书刊、文艺活动等领域。由政府机构投资的生态文化项目将占一个较大的比例，起到示范、导向以及培育人才和积累经验的作用。对当地生态建设、污染治理的重大成就，要在当地的综合展览上加以介绍。

四、生态文明制度中的管理分类

1. 基本资源管理

（1）生物资源管理，包括珍稀物种资源管理与一般物种资源管理两类。国

家对珍稀物种资源有各类专门的保护、管理法律，分类规定保护动物与保护植物的级别。主要保护措施是建立国家级与省区级的自然保护区，如云南的黑颈鹤自然保护区、广西的白头叶猴自然保护区。广西、贵州、云南境内的大片喀斯特地带中，森林资源与生物资源十分丰富，有的品种特别珍稀。在有效的大力度保护基础上，也可成为科考、教学基地，也可成为生态旅游基地，还可成为避暑、休闲基地，所有这些利用都要遵循“保护高于开发、经济服从生态”的原则。在自然保护区之下，旅游风景区、生态示范区都要有保护生物资源的责任。这类保护面临的最大挑战，就在于一批以猎杀国家保护动物来盈利的犯罪分子有高超的犯罪技能，也有高级的犯罪工具，包括杀伤力强的武器，其行动往往昼伏夜出，一般志愿者不是他们的对手，公安、工商管理都难以有足够力量和时间来对付他们。在那些猎杀保护动物犯罪严重的地方，有必要建立由生态环保机构与基层武装部共同管理的民兵组织，发动当地群众来应对。同时，通过市场、网络管理，彻底掐断被猎杀、捕获的动物的流通渠道。

一般物种资源管理要具体对待。一些动物生存能力极强，不用专门保护，如老鼠。一些鸟类的保护可并入环境保护中，如森林、公园禁止猎鸟。江河湖海鱼类资源不管是否珍稀，都要进行季节性保护，否则很容易资源枯竭。我国国土上绝大部分江河湖已不再有鱼类捕捞产业，只有人工放养。因此，鱼类资源管理主要是发生在海洋。

（2）水资源管理。包括水资源综合开发、水利工程建设规划与实施管理、生产生活用水管理。中国淡水资源供应紧张，既要“节流”又要“开源”，管理与建设需要同时努力，用于节水的设施设备“硬件”与规则体系的“软件”要同时完善，从而不断提高这项社会经济系统工程的水平。云南是我国南方第一大河珠江的源头，需要有高标准的生态保护。

（3）森林资源管理。包括森林保护、封山育林。从经济角度要建设好林权责任制度，从科技角度要提高森林的科学管理水平，从安全角度要提高森林火灾的防范水平。

少数民族地区林地中人烟稀少，当地居民历来习惯将大量灌木丛就地焚烧，或割了柴草之后堆积焚烧，以便于开垦种植。这是落后于农业文明先进生产方式的做法，对生态环境或森林资源具有破坏作用，要科学评估与改进，同时对当地居民进行生态启蒙教育，扩大封山育林范围，引导农民发展生态型农业。

原生植被在广西几乎被破坏殆尽，在云南也所剩无几，取而代之的是天然次生植被和人工植被。这种结果是长期经济活动中多种原因造成的，在可持续发展已成为国策的格局下，理应从全局战略上来考虑森林资源的保护问题。

（4）土地资源保护。包括土地用途管理、耕地保护、防治水土流失。当前，由于土地资源作为各地政府生财的依据，按照政府的财政需要与社会各界发生交易关系，对土地资源的管理更多的是作为经济资源而不是作为生态资源，这个局面必须改变，土地这项国土资源要有生态论证制度，生态管理环节在土地管理中要有否决权。

凡是属于自然资源重点保护的区域，不管是自然保护区、旅游风景区、生态示范区、矿区、林区流域重点治理区，都可以统一建立“绿色特区”，让这些事业型、企业型的区域设置上升为行政型设置，由所在地方申报。其必要性在于：①争取国家或省、自治区政府设立专项资金；②作为动员当地群众响应、开展自然资源保护的依据；③作为在当地进行生态立法、执法，对企业（不管是来自本地的或者外地的）与民众进行警示、约束的依据。

2. 环境管理

（1）控制“三废”排放。“三废”是指废气、废水、废渣（即所有固体废弃物）。其中最突出的问题是：企业生产的“三废”排放，人口聚居地的生活污水、生活垃圾排放，车船的废气废油排放。针对“三废”排放的首要措施是制定排放标准，对超标者严格整治。这种事后管理在当前是最重要的，但从长远来看，应逐步将事前管理放在优先地位，建立整套技术标准，凡建立企业、建筑群、生产车船，都要达标才能得到批准。

控制“三废”排放要从区域与企业两个层次同时着手。区域层次是在一个城市范围进行空气、水流的质量检测，发现二氧化碳、二氧化硫、颗粒物或降尘未达到质量目标要求，就要分析原因，查找主要的污染源，通过个案解决不达标的问题。企业层次是对“三废”排放量较大的企业规定排污指标，要求企业控制在指标之下，否则给予处罚或停业整顿。

广西南丹县由于矿产资源富集但管理困难，“三废”排放、环境污染问题很严重，由此造成该县成为全国癌症高发区之一，2006 年被国务院列为全国重点环境整治县份之一。市、自治区、国家的环保部门都把这里作为抓重点、抓典型

的地方。这里需要先集中有关人员找病根、开药方、看效果，得出办法后再进入常态化管理。既要有打歼灭战的突破，又要有日常管理的一般改进。

（2）垃圾处理。垃圾分为生产固体废弃物、生活垃圾、建筑垃圾几类。相应的管理也分为以下几类：①生产固体废弃物的处理属于发展循环经济的主要措施，应通过资源综合利用，逐步消除生产固体废弃物的最终排放，使之在生产中消化。做不到这点的企业，可以通过配套企业的联合行动来实现。其中，农业生产排泄物尤其需要当成生产有机肥料的材料来消化利用。②生活垃圾主要有两类：一类可称为生活废弃物，包括人体排泄物，往往带有脏的特征。在循环经济中，它们成为可回收、可利用、可再生的原料，需要发展静脉产业来消化利用，避免污染生活环境。另一类是废旧商品，它们失去原有使用价值，本身没有脏的特征。这需要有序回收，通过发展解体产业来消化利用。③建筑垃圾一般是钢筋水泥等固体废弃物。发展建筑废弃物回收是我国当前既薄弱，又亟待重点解决的发展项目。西方发达国家目前建筑废弃物的再生利用率在90%以上，在砂浆中添加粉煤灰、矿渣粉、钢渣粉等，利用矿渣粉配置水泥和砂浆，综合电耗和综合能耗可分别节约60%和70%以上。[①]

3. *矿产资源与矿业生态化管理*

矿产资源管理包括矿产资源有序开发、矿产资源合理出口。民族地区矿产资源采掘产业生态化十分迫切，当地立法机构要在总结以往经验的基础上制定产业生态化的地方法律，将鼓励性政策与禁止性要求结合起来。

对矿产资源的勘察、开发应实行统一规划、合理布局、综合勘察、合理开采和综合利用，严格对勘察与开采的审批登记，建立矿产开发的环保责任。在以下三个方面要特别防止矿产资源管理失控：①对矿产资源无证开采，乱采滥挖。②片面追求微观短期经济效益而损害宏观长远经济效益，国有矿产资源在私人或地方经营者那里被掠夺性开发，“挑肥拣瘦”。③只顾经济效益而忽视生态效益，因矿产资源开发而造成水土流失、“两废”（废水、废渣）排放过量。三个方面要严格抓好管理措施，同时要在思想上进一步强化三个社会共识：一是法律意识，一定要把违法采矿的性质、后果连同条款内容一道说清，避免民间

① 张英、张翠英、虞晓芬：《节能建筑全寿命周期能耗成本管理研究》，载《生态经济与生态文明》，社会科学文献出版社2012年版。

认为矿产乃天地所赐，因而千家万户强行盗采哄抢的情况。为此，需要普及法律宣传与严肃执法相结合，“先礼后兵”。同时司法部门要与银行相结合，对于私自采矿进入黑名单者，断绝其财路。二是公有意识，要靠端正改革方向、树立自然资源公有制经济是社会主义重要支柱之一的理念，坚决反对私有化思潮和小团体利益猖獗，人为削弱自然资源的公有产权。对披着国有企业的外衣实行化公为私的外包疯狂盗采行为，要给予有力打击，切实维护公共资源。三是正确认识经济利益与生态利益的关系，贯彻科学发展观关于统筹人与自然关系相和谐的原则。

矿产开采是最需要控制生产污染的行业，广西、云南都是这类产业的生产大省，广西的河池市是有色金属之乡，采矿污染一直很严重。面对资源富集的优势，尤其需要加强产业生态化管理。当地专家提议，由各级政府统筹运作，制定统一协调、层次分明、功能配套的矿产资源规划体系，特别是有色金属矿产资源主要矿区的专项规划。规划要对矿产勘察开采进行总体布局和资源配置，确定投放矿权数量，严格审查矿权申请者提交的矿产资源开发利用方案，禁止不具备相应资质条件的企业开采矿产资源。[①] 此外，要根据规划的产业生态化要求选商引资，放弃那些生态效益差的项目，淘汰浪费资源、污染环境的工艺、技术、设备和产品。

民族地区有许多共生矿，矿产资源综合利用面临复杂的管理问题。广西河池市的经验是：①企业自筹资金建设的综合利用项目生产的产品在税收上给予政策优惠。②建立有色金属资源循环工业区，在园区内构建循环式组合的结构，进行再生利用。③鼓励、支持企业进入再生资源领域，在完善回收系统的基础上，建立废旧金属拆解、预处理基地。

除上述三类管理类别之外，还有保健管理，主要包括食品管理、药品管理。所针对的问题是应对生产、销售假冒伪劣的食品或药品，防止危害人体健康、浪费经济资源。

---

① 韦茂才：《立足资源优势、实现可持续发展》，载陈林杰、韦茂才：《科学发展在河池》（上），广西人民出版社 2010 年版。

五、生态文明制度建设的地理单元

地理单元是指城市、乡村以及两者的中间单元小城镇。小城镇基本具备城市的特征，同时与乡村保持更为紧密的联系。工矿区具有城市雏形又兼有乡村特征，但既非城市又非乡村，是独立管理的区域。传统的工矿区纷纷为专门建立的工业园区所代替。

1. 城市生态文明制度建设事项

（1）城市建设规划要有这些内容：①积极改造脏、乱、差的街区，保障城市清洁卫生，抑制蚊蝇滋生、垃圾堆放、病菌传播。这是现代文明城市起码的要求。②限制频繁地拆建完好的建筑。例如，将一栋建了八年的宏伟楼宇拆掉，另建一栋更宏伟的楼宇，对于开发商或业主来说，按地皮增值的经济价值是划算的，但对于社会的生态效益与宏观经济效益则是有损的。城市建设不能给予这样的自由，这一点应规定：20 世纪 80 年代之后有一定规模的楼宇，要按照西方城市楼宇平均使用年限来决定是否“拆旧建新”，绝不能使“马太效应”存在于城市的建设与发展中，城市的建筑物同样不能“两极分化”。③南方民族地区的城市建设应以“森林城市”为目标，尽力增加市区内的植被特别是树木，应在沿江沿街、市区中的山、坡都种植树木。市区各单位要拆墙见绿，以栅栏代围墙。

（2）高标准地建设城市的静脉产业，建设好城市垃圾与污水处理设施一类的系统性公共工程，用于生活排泄物循环利用。这套公共工程是贯穿所有城市居民区的排水管道、粪池及有关设施的建筑系统。静脉产业要承担两大任务：一是处理全城的生活垃圾，将其中的有机物全部转化为肥料；二是处理全城的人粪尿，全部转化为有机肥料。静脉产业应取得两项重大的产出：一是为农业提供工业生产的有机肥料，可在相当大程度上取代化肥生产；二是为社会提供了清洁卫生，大量城市生活垃圾、生活废水、人粪尿的处理可以用最符合生态经济结构的原则得到处理，不再成为污染水源、土地的麻烦，不再成为占用乡村大量土地的重负荷。市政府应当采用当代最高水平的技术来完成这项建设，政府履行这项职责是城市的基本制度。

（3）努力向世界先进的循环经济、低碳经济城市学习，逐步推行可行的经验，进而有所创新，如可回收废旧物转化为新的工业产品或工业原料，推广节能城市照明，推广节能或自生能源的建筑，发展整栋公寓的集中式太阳能利用，按照生态原则改进城市布局等。条件成熟则可成为制度，学习、尝试、推广的过程本身也可成为制度。

2. 小城镇生态文明制度建设事项

（1）按照生态原则建立健全小城镇建设规划制度。各小城镇的发展要有规范与必须执行的建设规划。建设标准与城市相比，既有追求相同，也有保持区别的双重性。在基础设施完备、楼层高度等方面向城市看齐，以达到环境卫生、节约用地、节能节水的目的。在街道和建筑群的分布方面，可以与农田适当交错。在扩大小城镇街区时，可以不去吞噬邻近的农田，而向坡地、台地、山地进发。在其发展成为规模可观的城市之前，这个特点可以一直保留。

（2）在消灭城乡本质差别、促进文明扩散的过程中，城市与小城镇应当率先一步。为此，在相关生态文明与精神文明的社会生活方面，镇政府的城镇社会管理要逐步赶超城市。在产业生态化发展方面，应吸收与应用城市的科技成果，创造出与城市分工合作、共同提升、创造特色的局面。

3. 乡村生态文明制度建设事项

（1）从制度上确立与完善城乡基础设施建设一体化。最基本的基础设施包括交通、通信、能源、供水的设施。应结束长期以来政府基础设施只管城市、乡村自理的格局。城乡基础设施建设一体化是实施科学发展观以来的新的发展过程，要从制度上加以确立与完善，作为各级政府制定规划、落实规划的常规工作。这项内容是物质文明与生态文明两项建设共有的，作为生态文明建设的意义如下：①保障乡村的自来水供应是村民卫生保健、水资源合理开发利用的生态措施。②从城乡统筹发展的视角来解决农村生活用能问题，以城市的资金、技术配合乡村的资源和力量，发展多种多样的能源，终结农村大量使用木柴、草和秸秆造成植被资源被破坏的局面。解决生活用能的基本途径是依靠国家高效率的火力发电、水力发电以及其他方式的能源工业生产。对于广大农村来说，则可尽力利用本地的资源条件，自行发展能源生产，作为农村生活用能的补充来源，如风能、小水电、太阳能等再生能源的利用，开发沼气等。无论哪种补充来源，都要贯彻城市支援、城乡结合的原则。

（2）不能再把农村作为垃圾处理场。现有的垃圾简单填埋是只顾眼前、不顾后代的做法，这种做法从长远来看必将使地下水源遭受污染。如果说，乡村的腐质性废弃物（主要是人畜粪便）可以靠各乡村的沼气开发来解决的话，城市的垃圾与乡村部分垃圾就只能依靠有规模的工业化方式来处理，建立垃圾处理厂。因此，城乡一体化基础设施建设中，要加上垃圾处理的内容，建立健全相应的管理制度。

（3）当代的农村包括民族地区的农村，已不再是“经济落后、生态良好”的面貌。人口增多与生产发展使农村的自然再生产能力受到挫折。同时，新农村建设也要改进过去习惯成自然的一些不讲卫生的陋习。要引导农村居民制定“环保公约”，将畜禽粪便管理、垃圾管理、水体管理、村中村前村后的植被管理等纳入行为规范中，确保乡村环境清洁、生态良好。

（4）乡村居民点建设过去都是农民自己的事，不是国家的事。自党中央提出建设社会主义新农村以来，一些县乡政府以非科学发展方式，强行拉上村级管理组织，横加干预，强人所难，导致“好心办坏事”。从长远来看，乡村居民点建设最终还是要按照科学发展的方式，成为县乡政府的职责。那就是在条件许可、民主决策、科学论证等的配合之下，使村民住宅建筑、房屋道路布局能满足出行、供水供电、排水、清污、通风、采光、沼气开发、优化环境等生态要求，这也要有弹性的制度设立。乡村居民点的科学发展与规范化建设，是农村社会文明发展、缩小城乡差别的重要战略措施之一。

参考文献

[1]［美］奥康纳：《自然的理由：生态学马克思主义研究》，唐正东、臧佩洪译，南京大学出版社 2003 年版。

[2]《广西金秀创建“大瑶山生态民俗旅游”品牌结硕果》，中国经济网，2010 年 5 月 20 日。

[3]《广西宜州推进桑蚕茧丝绸循环经济示范基地建设》，《中国纺织报》2013 年 3 月 11 日。

[4]《广西壮族自治区人民政府办公厅关于印发广西蚕桑茧丝绸产业循环经济（宜州）示范基地建设方案的通知》（桂政办发〔2010〕86 号）。

[5]《国务院关于印发全国主体功能区规划的通知》（国发〔2010〕46 号），中央政府门户网站，2011 年 6 月 8 日。

[6] 蔡娟：《科学发展观视域中的生态文明发展之路》，《学术交流》2007 年第 4 期。

[7] 陈伯君等：《西部大开发与区域经济公平增长》，中国社会科学出版社 2007 年版。

[8] 陈禄青、韦坚祥、黄启健、甘宜沅：《广西社会主义新农村建设的探索》，载《广西农村发展报告——2008 年广西蓝皮书》，广西人民出版社 2008 年版。

[9] 陈蒙旗：《少数民族地区生态文明建设思考》，内蒙古大学 2010 年硕士学位论文。

[10] 陈钊：《区域经济生态化研究》，四川大学出版社 2011 年版。

[11] 崔亚虹：《生态文明建设与民族地区环境保护问题研究》，《商业时代》2010 年第 6 期。

[12] 邓翠华：《论中国工业化进程中的生态文明建设》，《福州师范大学学

报》（哲学社会科学版）2012 年第 4 期。

［13］丁任重、何悦：《马克思的生态经济理论与我国经济发展方式的转变》，《当代经济研究》2014 年第 9 期。

［14］丁秀清：《民族经济独特经营要素的合理配置与衍生》，经济管理出版社 2013 年版。

［15］董锁成、王海英：《西部生态经济发展模式研究》，《中国软科学》2003 年第 10 期。

［16］方时姣：《论社会主义生态文明三个基本概念及其相互关系》，《马克思主义研究》2014 年第 7 期。

［17］费孝通：《小城镇，大问题》，《瞭望》1984 年第 2 期。

［18］福斯特：《马克思的生态学：唯物主义与自然》，高等教育出版社 2006 年版。

［19］高言弘主编，李欣广统稿：《民族发展经济学》，复旦大学出版社 1990 年版。

［20］广西壮族自治区扶贫办：《广西新阶段扶贫开发形势分析与对策研究》，《广西经济》2012 年第 3 期。

［21］郭京福、左莉：《少数民族地区生态文明建设研究》，《商业研究》2011 年第 10 期。

［22］郭满女等：《西部民族地区生态文明建设实践研究——以广西巴马瑶族自治县为例》，《科技广场》2013 年第 3 期。

［23］郭声琨：《绿色广西的梦想并不遥远》，《绿色中国》2008 年第 3 期。

［24］郭祥才：《跨越发展：转变观念与创新模式》，中国社会科学出版社 2008 年版。

［25］郭晓合：《大接轨——21 世纪民族区域经济开发模式新论》，中国经济出版社 2011 年版。

［26］姜春云：《跨入生态文明新时代——关于生态文明建设若干问题的探讨》，《求是》2008 年第 21 期。

［27］姜明：《少数民族地区生态文明建设与和谐社会》，《阴山学刊》2009 年第 4 期。

［28］金炳镐：《民族关系理论通论》，中央民族大学出版社 2007 年版。

［29］康沛竹、段蕾：《论习近平的绿色发展观》，《新疆师范大学学报》（哲学社会科学版）2016 年第 7 期。

［30］赖章盛：《关于生态文明社会形态的哲学思考》，《云南民族大学学报》（哲学社会科学版）2009 年第 5 期。

［31］蓝锐：《科技助推宜州桑蚕茧丝绸产业循环经济示范区建设》，广西科技信息网，2009 年 9 月 9 日。

［32］李百玲、靳为如：《交往与跨越论的可能性——马克思〈给维·伊·查苏利奇的复信〉及草稿中的跨越思想》，《长春师范学院学报》（社会科学版）2009 年第 2 期。

［33］李兵：《生态文明建设的生动典范——马山县石漠化治理“弄拉模式”的实践与启示》，财经网，2013 年 8 月 26 日。

［34］李波：《贵州民族地区生态文明建设的理论与实践探索》，《贵州大学学报》（哲学社会科学版）2010 年第 3 期。

［35］李浩淼：《西部少数民族地区生态文明建设路径探索》，《绿色中国》2013 年第 4 期。

［36］李欣广：《从生态文明角度看扶贫开发》，《创新》2013 年第 5 期。

［37］李欣广：《新的生产力发展观》，《马克思主义研究》2007 年第 10 期。

［38］李应振：《从农业文明到生态文明：走向人与自然的和谐发展》，《阜阳师范学院学报》（社会科学版）2006 年第 2 期。

［39］李玉田：《岩溶地区石漠化治理研究》，广西师范大学出版社 2004 年版。

［40］李志勇：《旅游发展——生态生产力与欠发达民族地区生态文明建设》，《贵州民族研究》2013 年第 1 期。

［41］梁振君：《“急功近利”致海南生物柴油产业发展受挫》，《海南日报》2011 年 6 月 30 日。

［42］林珏：《发展经济学案例集》，中国社会科学出版社 2005 年版。

［43］刘思华：《对建设社会主义生态文明论的若干回忆》，《中国地质大学学报》（社会科学版）2008 年第 7 期。

［44］刘思华：《关于生态文明制度与跨越工业文明“卡夫丁峡谷”理论的几个问题》，《毛泽东邓小平理论研究》2015 年第 1 期。

［45］刘思华：《理论生态学若干问题研究》，广西人民出版社 1989 年版。

［46］刘思华：《生态马克思主义经济学原理（修订版）》，人民出版社 2014 年版。

［47］刘思华：《生态文明与绿色低碳经济发展纵论》，中国财政经济出版社 2011 年版。

［48］刘耀彬等：《区域生态优势转化与生态文明建设——以江西省为例》，社会科学文献出版社 2015 年版。

［49］卢嘉进、张执政、韦庆胜：《宜州市桑蚕茧丝绸产业转型升级的思考》，载《桂西资源开发新思路》，广西人民出版社 2012 年版。

［50］卢艳玲：《生态文明建构的当代视野——从技术理性到生态理性》，中共中央党校哲学部 2013 年博士学位论文。

［51］吕余生、宋佰谦、冯海珊：《全面建设小康社会进程：广西与全国比较及分析》，广西人民出版社 2010 年版。

［52］蒙小脉：《论“龙田模式”及其对社会主义新农村建设的启示》，载《科学发展在河池》（上），广西人民出版社 2010 年版。

［53］彭升：《论马克思“跨越论”在中国的验证》，《中南大学学报》2004 年第 10 期。

［54］任维东：《彩云之南，美丽依然——云南勇当生态文明建设排头兵》，《光明日报》2015 年 2 月 7 日第 12 版。

［55］单宝：《政府政策与循环经济发展》，《生态经济》2005 年第 10 期。

［56］苏静：《成都市统筹城乡发展实践模式及可借鉴理路》，《广东技术师范学院学报》2011 年第 4 期。

［57］孙晓雷、何溪：《新常态下高效生态经济发展方式的实证研究》，《数量经济技术经济研究》2015 年第 7 期。

［58］唐拥军：《以山水民族城为特色，发展泛旅游产业——广西民族山区城镇发展战略探索》，《改革与战略》2003 年第 10 期。

［59］王博：《经济学视角下的城乡关系优化分析》，《管理学刊》2010 年第 4 期。

［60］王道勇、郧彦辉：《新型城镇化应力避三大误区》，《学习时报》2013 年 9 月 2 日。

[61] 王婧：《中国新型城镇化建设与人的发展的思考》，《改革与战略》2013 年第 9 期。

[62] 王雨辰：《论生态学马克思主义的生态文明理论》，《社会科学辑刊》2009 年第 3 期。

[63] 韦德斌：《生态文明助推民族地区持续发展——金秀瑶族自治县生态文明建设调研报告》，《广西日报》2016 年 12 月 20 日。

[64] 韦继川：《广西：多模式推动岩溶地区减贫　贫困地区发生变化》，《广西日报》2011 年 12 月 3 日。

[65] 韦克文：《广西蚕桑产业循环经济（宜州）示范基地初具规模》，宜州党政网，2011 年 4 月 19 日。

[66] 韦茂才：《立足资源优势、实现可持续发展》，载陈林杰、韦茂才主编：《科学发展在河池》（上），广西人民出版社 2010 年版。

[67] 吴凤章主编、潘世建副主编：《生态文明构建：理论与实践》，中央编译出版社 2008 年版。

[68] 吴理财、杨恒：《城镇化时代城乡基层治理体系重建——温州模式及其意义》，《华中师范大学学报》2012 年第 11 期。

[69] 夏春萍、路万忠：《我国统筹工业化、城镇化与农业现代化的现实条件分析》，《经济纵横》2010 年第 8 期。

[70] 肖青等：《西南少数民族地区村寨生态文明建设研究》，科学出版社 2014 年版。

[71] 许崇正、焦未然：《找准新型城镇化与生态环境保护的平衡点》，《改革与战略》2013 年第 12 期。

[72] 杨桂芳、李小兵、和仕勇：《少数民族地区世界遗产的生态文明建设研究：以云南为例》，云南人民出版社 2012 年版。

[73] 杨红波：《生态文明视角下广西少数民族自治县县域经济跨越发展研究》，《广西大学学报》（哲学社会科学版）2016 年第 5 期。

[74] 叶裕惠：《补短扬长建设广西特色现代农业》，载《广西发展论坛文集》，广西人民出版社 2006 年版。

[75] 俞可平：《科学发展观与生态文明》，《马克思主义与现实》2005 年第 4 期。

［76］曾刚：《我国生态文明建设的理论与方法探析——以上海崇明生态岛建设为例》，《新疆师范大学学报》（哲学社会科学版）2014 年第 2 期。

［77］曾炜：《中国生物柴油产业的发展、困境及对策》，《华中农业大学校刊社科版》2009 年第 4 期。

［78］翟娟、郭晴：《循环经济发展理论下的我国政府政策研究》，《生态经济》2014 年第 1 期。

［79］翟玲玲：《西部民族地区生态文明建设法制保障体系构建研究——以生态环境法律体系的完善为切入点》，西北民族大学 2009 年硕士学位论文。

［80］张贡生：《生态文明：一个颇具争议的命题》，《哈尔滨商业大学学报》（社会科学版）2013 年第 2 期。

［81］张敬花：《生态文明与全面小康社会》，《天水师范学院学报》2003 年第 1 期。

［82］张瑞、秦书生：《我国生态文明建设的制度建构探析》，《自然辩证法研究》2010 年第 8 期。

［83］张首先：《中国生态文明的话语形态及动力基础》，《自然辩证法研究》2014 年第 10 期。

［84］张晓雯：《马克思主义“三农”理论中国化及其实践研究》，西南财经大学出版社 2011 年版。

［85］张协奎、韩昌猛、林冠群：《广西城镇化现状与对策研究》，《广西大学学报》2013 年第 5 期。

［86］张智光：《人类文明与生态安全：共生空间的演化理论》，《中国人口·资源与环境》2013 年第 7 期。

［87］赵文禄、郭晓君、顾峰：《知识经济与人的现代化》，人民出版社 2009 年版。

［88］赵曦：《中国西南农村反贫困模式研究》，商务印书馆 2009 年版。

［89］中国战略与管理研究会、东营市人民政府研究室编著：《生态文明发展模式研究》，山东人民出版社 2013 年版。

后　记

本书内容来自广西大学马克思生态经济发展研究院三个课题的研究报告。这三个课题分别是：①重点项目《中国（桂滇）少数民族地区生态文明制度与文明形态跨越发展研究》，由本研究院直接承担，课题负责人为李立民，成员有李欣广、杨红波、谢品。②委托项目《广西少数民族地区建设生态文明与文明形态跨越发展研究》，由百色学院承担，课题负责人为唐拥军，成员有凌绍崇、唐金湘、朱良杰、韦晓英、罗秋雪、甘智文、丰晓旭。③委托项目《广西生态经济发展战略与民族地区文明形态跨越发展研究》，由广西大学商学院承担，课题负责人为杨红波、谢品，成员有李欣广、李立民、杨璞。鉴于三个课题在主题内容上有较高的重合性，我们将其研究成果统一编辑为本书，以便更系统地阐述三个课题的主题内容。

本书严格按照内容分类与逻辑顺序安排章节目录，对三个课题研究报告的内容有所重组，但仍然可以大致说明：第一章为三个课题的共同论述，第五章、第六章基本来自百色学院的研究报告，其余各章分别来自本研究院与商学院的研究报告。全书的关键词分别统一表述，其地域对象统一为“少数民族欠发达地区”，社会运动按照生态文明的两种含义分别表述为“生态文明形态跨越发展”或“生态文明建设”。本书扉页上标明了直接的作者，其他课题参与者在各个课题的立项、调研、讨论、交流、结项等工作中都起到了重要作用，在此特予说明。

李欣广

2017 年 3 月 1 日